（第3版）

电工基本技能

就业技能培训教材

人力资源社会保障部职业培训规划教材
人力资源社会保障部教材办公室评审通过

主编 吴清红
主审 王 建

中国劳动社会保障出版社

图书在版编目(CIP)数据

电工基本技能 / 吴清红主编. -- 3版. -- 北京：中国劳动社会保障出版社，2022

就业技能培训教材

ISBN 978-7-5167-5672-0

Ⅰ.①电… Ⅱ.①吴… Ⅲ.①电工技术-技术培训-教材 Ⅳ.①TM

中国版本图书馆CIP数据核字(2022)第222063号

中国劳动社会保障出版社出版发行

（北京市惠新东街1号　邮政编码：100029）

*

北京市科星印刷有限责任公司印刷装订　　新华书店经销

880毫米×1230毫米　32开本　7印张　165千字

2022年12月第3版　2024年4月第3次印刷

定价：18.00元

营销中心电话：400-606-6496

出版社网址：http://www.class.com.cn

前　言

《国务院关于推行终身职业技能培训制度的意见》（国发〔2018〕11号）提出，围绕就业创业重点群体，广泛开展就业技能培训。为促进就业技能培训规范化发展，提升培训的针对性和有效性，人力资源社会保障部教材办公室对原职业技能短期培训教材进行了优化升级，组织评审了就业技能培训系列教材。本套教材以相应职业（工种）的国家职业技能标准和岗位要求为依据，力求体现以下特点：

全。教材覆盖各类就业技能培训，涉及职业素质类，农业技能类，生产、运输业技能类，服务业技能类，其他技能类五大类。

精。教材中只讲述必要的知识和技能，强调实用和够用，将最有效的就业技能传授给受培训者。

易。内容通俗易懂，图文并茂，易于学习。

本套教材适合于各类就业技能培训。欢迎各单位和读者对教材中存在的不足之处提出宝贵意见和建议。

内容简介

本书是电工就业技能培训教材，在第二版的基础上结合电工技术发展和时代特点对内容进行了调整和完善，如丰富了安全用电知识等内容。本书的主要内容包括：电工基础知识、安全用电及触电防护、常用电工工具与仪表、电动机及其基本控制线路、变配电基本知识、室内配电线路的安装、电子元器件与简单电子线路。

全书语言通俗易懂，内容紧密结合工作实际，突出技能操作，便于学员更好地掌握电工基础知识和基本技能。

本书适用于就业技能培训。通过培训，初学者或具有一定基础的人员可以达到从事电工工作的基本要求。本书还可供电工爱好者学习和参考使用。

本书由吴清红主编，闫玉玲、王蕾、高振雷、王波参编，王建主审。

目 录

第1单元 电工基础知识

模块1　认识电工

培训目标

1. 了解电工的主要工作任务；

2. 熟悉电工从业的基本条件。

现代社会，电的应用可谓无处不在。如图1-1所示，照明灯具及各种家用电器的使用使生活更加方便，提高了人们的生活质量；各种机电设备的使用，改变了生产方式，提高了生产效率。电能已成为现代社会最重要的二次能源。

a）城市照明

b）工业生产

图1-1　电的应用

电的输送及分配要符合技术要求，电气设备的安装也要符合实用、安全的需要，这些都离不开电工作业人员谨慎、规范的操作。在电的使用过程中，难免会出现各种故障，有的是电能输送过程中发生的故障，有的是各种设备故障，大到各种大型机电设备，小到常见家用电器，排除这些故障更离不开电工。通过本单元的学习，学员能够了解电工基本工作任务和基本知识，为从事电工岗位基本工作打下基础。

一、电工的工作任务

电工是指使用工具、量具和仪器、仪表，安装、调试与维护、修理机械设备电气部分和电气系统线路及器件的人员。电工的基本工作任务见表1-1。

表1-1　电工的基本工作任务

工作任务	示例图片	工作任务	示例图片
输配电线路的架设、维护、检修；变配电装置的维护和检修		电工工具、量具的检测和校验	
电气设备的安装、调试、运行、维护、检修		安全用电、节约用电的宣传	
配电箱、照明及拖动线路的安装、调试及维修		触电急救	

二、电工从业的基本条件

（1）年满18周岁，具有初中及以上文化程度。

（2）身体健康，无妨碍从事本职工作的病症和生理缺陷。

（3）具有相应的电工基础理论和专业知识；熟悉和遵守有关电力安全、技术的法规和规程；熟练掌握操作技能，并掌握人身触电的急救方法。

（4）有事业心和责任心，具有良好的社会公德和职业道德。

（5）通过安全技术培训考试合格后取得《特种作业人员安全技术操作证》。

模块2　电路基础

培训目标

1. 掌握电路和电路图基本知识；
2. 熟悉交流电的基本知识及三相交流电的参数。

一、电路的基本知识

1. 电路和电路图

（1）电路的组成。电路就是电流流通的路径。一个完整的电路由电源、负载、开关以及连接导线四部分组成。电源是产生电能的装置，其作用是将其他形式的能转化成电能；负载又称用电器，它是消耗电能的装置，其作用是把电能转化为其他形式的能；开关属于控制装置，在电路中起着接通和断开电路的作用；连接导线的作用是把电源、负载和开关等元器件连接在一起。如图1-2a所示为开关控制一盏灯的实物连接图。

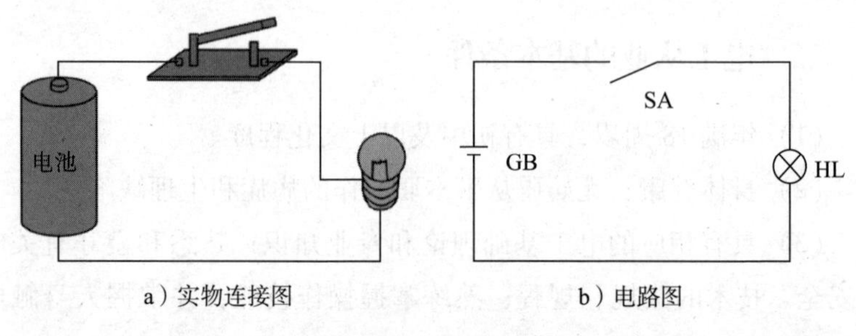

a）实物连接图　　b）电路图

图 1-2　开关控制一盏灯的实物连接图和电路图

（2）电路图。电路可以用电路图表示，电路图是由理想元件的图形符号所表示的电路模型，为了读图方便直观，通常采用国家统一规定的图形符号来绘制电路图，如图 1-2b 所示为开关控制一盏灯的电路图。常见电气元件的图形符号和文字符号见表 1-2。

表 1-2　常见电气元件的图形符号和文字符号

名称	图形符号	文字符号	名称	图形符号	文字符号
开关		S	指示灯		HL
电池		GB	电流表		PA
电阻器		R	电压表		PV
电位器		RP	扬声器		B
电容器		C	连接导线		—
电感器，线圈		L			
铁芯线圈		L	不连接导线		—
二极管		VD	接地		—
三极管		VT	接机壳		—
熔断器		FU			

2. 电路基本物理量

（1）电流。电流是由电荷有规则地定向移动形成的，规定以正电荷定向移动的方向为电流的正方向。电流用符号 I 表示，单位为安培（简称安，符号为 A）。常用的电流单位还有千安（kA）、毫安（mA）和微安（μA），它们之间的换算关系为

$$1\ \text{kA}=1\ 000\ \text{A}$$

$$1\ \text{A}=1\ 000\ \text{mA}$$

$$1\ \text{mA}=1\ 000\ \mu\text{A}$$

电流是一个既有大小又有方向的物理量，根据电流大小和方向随时间变化的情况，把电流分为直流电流（DC）和交流电流（AC）两大类。直流电流又分为稳恒直流电和脉动直流电。稳恒直流电是大小和方向都不随时间变化的电流；脉动直流电是指方向不变，而大小随时间变化的电流；交流电流是指大小和方向都随时间变化的电流。

（2）电位、电压及电动势。在电路中任选一点作为参考点，则电场力把单位正电荷从某点移动到参考点所做的功称为该点的电位，用 U 表示。电场力把单位正电荷从 a 点移动到 b 点所做的功称为 a、b 两点间的电压，用 U_{ab} 表示。因此，电路中两点间的电压也可用两点间的电位差来表示。电动势是指电源内部的非电场力把单位正电荷由低电位端移到高电位端所做的功，用 E 表示。

在国际单位制中，电位、电压和电动势的单位相同，都为伏特（简称伏，符号为 V）。常用的电压单位还有千伏（kV）、毫伏（mV）和微伏（μV），它们之间的换算关系为

$$1\ \text{kV}=1\ 000\ \text{V}$$

$$1\ \text{V}=1\ 000\ \text{mV}$$

$$1\ \text{mV}=1\ 000\ \mu\text{V}$$

（3）电阻。自然界中的各种物体，按其导电性能来分，可分为

导体、绝缘体、半导体三类。其中，导电性能良好的物体叫作导体。例如，在电路中常用的铜导线、铝导线等都是导体。导体对电流的阻碍作用称为电阻，电阻是一种消耗电能的元件，用符号 R 表示，单位为欧姆（简称欧，符号为 Ω）。常用的电阻单位还有千欧（kΩ）或兆欧（MΩ），它们之间的换算关系为

$$1\ \text{k}\Omega=1\ 000\ \Omega$$

$$1\ \text{M}\Omega=1\ 000\ \text{k}\Omega$$

3. 欧姆定律

（1）部分电路欧姆定律。如图 1-3 所示为一个部分电路，所谓部分电路是只含有负载而不包含电源的一段电路。电阻两端的电压为 U，电阻值为 R，则通过电阻的电流 I 可以表示为

$$I=\frac{U}{R}$$

式中　I——导体中的电流，A；

U——导体两端的电压，V；

R——导体的电阻，Ω。

由上式可知，对于部分电路，通过其电阻的电流与电阻两端的电压成正比，与电阻成反比，这就是部分电路欧姆定律。

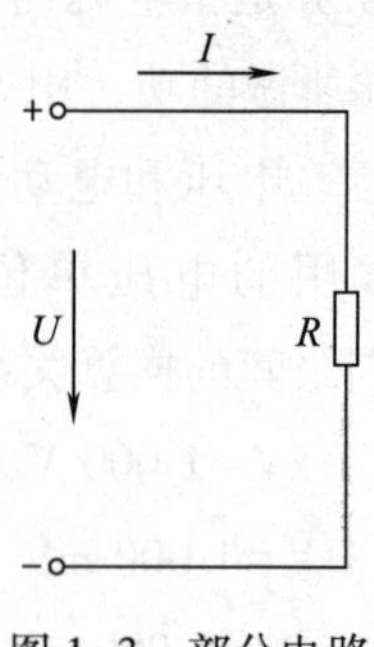

图 1-3　部分电路

（2）全电路欧姆定律。电源内部的电路称内电路，电源内部的电阻 r 称内电阻，简称内阻；电源外部的电路称外电路，外电路中的电阻 R 称外电阻。如图 1-4 所示为一个全电路，所谓全电路就是指含有电源的闭合电路，它由内电路和外电路两部分组成。

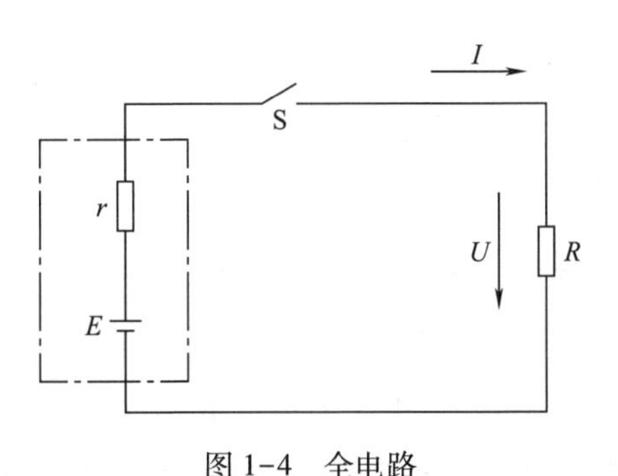

图 1-4　全电路

全电路欧姆定律的内容：在全电路中，电流与电源的电动势成正比，与电路的总电阻（内电路电阻与外电路电阻之和）成反比，其数学表达式为

$$I=\frac{E}{R+r}$$

式中　I——电路中的电流，A；

E——电源的电动势，V；

R——负载电阻，Ω；

r——电源内阻，Ω。

由上式可得

$$E=IR+Ir=U_{内}+U_{外}$$

式中　$U_{内}$——电源内阻的电压降，V；

$U_{外}$——外电路的电压降，也就是常说的电源端电压，V。

（3）电路的三种状态。通常电路存在通路（闭路）、开路（断路）两种状态，但在发生故障和连接错误时，还存在短路状态。电路的三种状态特点见表 1-3。

表 1-3　　电路的三种状态

状态	特点	
通路	电路连接	有电流通过
开路	电路一处或多处断开	无电流通过
短路	导线未经负载而将电源两极或某一负载两端相接	电流很大，易烧毁电路引发火灾

4. 电功和电功率

（1）电功。电流将电能转换成其他形式能量过程所做的功就是电流所做的功，简称电功。电功用字母 W 表示，单位是焦耳（简称焦，符号为 J）。电功不仅取决于负载功率的大小，还与负载的工作时间长短有关，计算公式为

$$W = UIt = I^2Rt = \frac{U^2}{R}t$$

式中　W——电功，J；

U——电压，V；

I——电流，A；

t——时间，s。

若把 $U=IR$ 或 $I=U/R$ 代入上式，可得

$$W=I^2Rt \text{ 或 } W=\frac{U^2}{R}t$$

在实际工作中，通常用电能表来测量电功的大小，电能表的读数是用千瓦时（kW · h）表示的，又称“度”，其换算关系为

$$1\text{ 度}=1\ \text{kW}\cdot\text{h}=3.6\times10^6\ \text{J}$$

（2）电功率。电功率是用来表示电流做功快慢的物理量，是单位时间内电场力所做的功。电功率用符号 P 表示，单位是瓦特（简

称瓦，符号为 W）。常用的电功率单位还有 kW、MW 和 mW，它们之间的换算关系为

$$1\ \text{MW}=1\ 000\ \text{kW}$$

$$1\ \text{kW}=1\ 000\ \text{W}$$

$$1\ \text{W}=1\ 000\ \text{mW}$$

对于前面所学的部分电路（见图 1-3），单位时间内电场力在电阻上所做的功可以表示为

$$P=\frac{W}{t}=UI=I^2R=\frac{U^2}{R}$$

二、交流电的基本知识

与干电池、蓄电池等直流电源不同，电厂向用户提供的是交流电。交流电与直流电的根本区别是交流电的方向随时间的变化而变化。按正弦规律变化的交流电称为正弦交流电。图 1-5 所示为输送到用户的 220 V 单相正弦交流电的波形图。

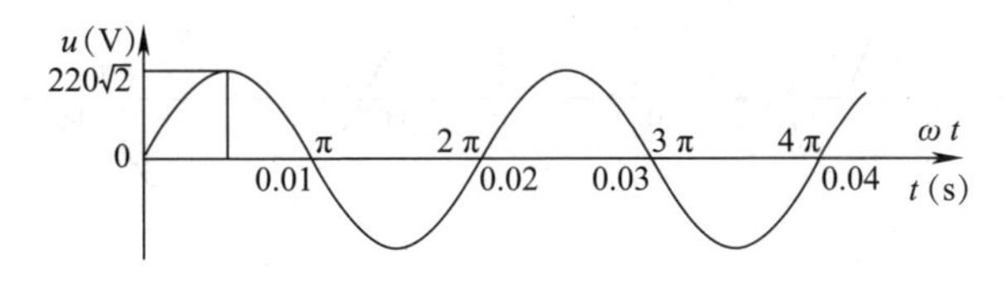

图 1-5　单相正弦交流电的电压波形

由图 1-5 可以看出，单相正弦交流电压随时间成正弦规律变化，其数学表达式为 $u=331\sin(100\pi t)$ V。

1. 单相正弦交流电的周期、频率、角频率

（1）周期。交流电每重复变化一次所需的时间称为周期，用符号 T 表示，单位是秒（s）。从图 1-5 可以看出，输送到用户的单相正弦交流电的周期为 0.02 s。

（2）频率。交流电在 1 s 内重复变化的次数称为频率，用符号 f 表示，单位是赫兹（简称赫，符号为 Hz）。根据定义可知，周期和频率互为倒数，即

$$f=\frac{1}{T}\quad 或\quad T=\frac{1}{f}$$

图 1-5 所示正弦交流电的频率为 $f=\frac{1}{0.02}=50\ \text{Hz}$。我国动力和照明用电的标准频率为 50 Hz，习惯上将其称为工频。

（3）角频率。正弦交流电随时间的变化关系也可以用一个在直角坐标系中绕原点沿逆时针方向旋转的相量表示，如图 1-6 所示。交流电每秒变化的角度（电角度）称为角频率，用符号 ω 表示，单位是弧度每秒（rad/s）。角频率与频率、周期的关系为

$$\omega=2\pi f=\frac{2\pi}{T}$$

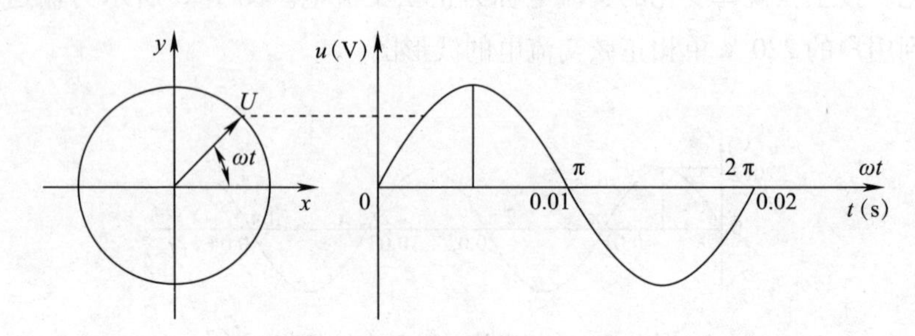

图 1-6　用旋转相量表示交流电

2. 正弦交流电压的最大值和有效值

（1）正弦交流电压的最大值。正弦交流电压在一个周期所能达到的最大瞬时值称为正弦交流电的最大值，用 U_m 表示。由图 1-5 可知，输送到用户的单相正弦交流电压的最大值为 311 V。

（2）正弦交流电压的有效值。因为交流电压的大小是随时间变

化的，所以在研究交流电的功率时，通常用有效值表示。有效值是这样规定的：将交流电和直流电加在同样阻值的电阻上，如果在相同的时间内产生的热量相等，就把这一直流电的大小叫做相应交流电的有效值（见图 1-7），交流电压的有效值用 U 表示。正弦交流电压的有效值和最大值之间的关系为

$$U=\frac{1}{\sqrt{2}}U_{\mathrm{m}}$$

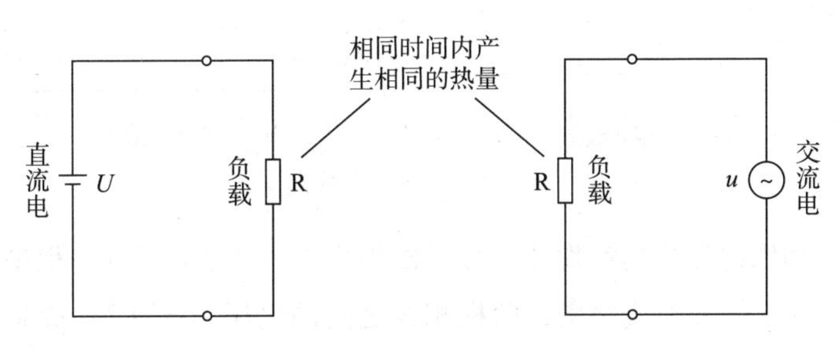

图 1-7　交流电的有效值

输送到用户的单相正弦交流电压的有效值为：$U=220$ V。

3. 相线、中性线和地线

进户的两条输电线中，有一根带电的导线称为相线（俗称火线），文字符号为 L；另外一根不带电的导线称为中性线，简称中线（俗称零线），文字符号为 N。相线与中性线共同组成供电回路，如图 1-8 所示。

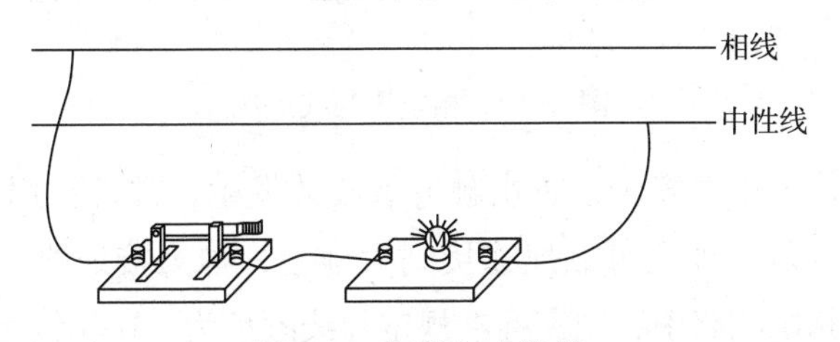

图 1-8　相线与中性线

4. 三相交流供电线路

如果在交流电路中有几个正弦交流电压同时作用，就构成了多相制电路。目前电力系统常采用三相制供电方式，通常的单相交流电源也是从三相电源中获得的。在低压供电时，多采用三相四线制或三相五线制供电方式，如图 1-9 所示。许多电气设备，如三相异步电动机、三相空调机等，都使用三相交流电。

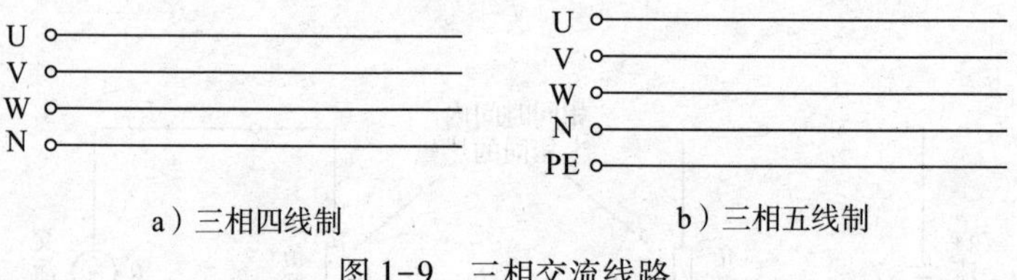

a）三相四线制　　b）三相五线制

图 1-9　三相交流线路

三相四线制供电线路中，有三根相线（U、V、W）和一根中性线（N）。低压供配电线路中，两根相线之间的电压为 380 V，称其为线电压；任何一根相线和中性线之间的电压为 220 V，称其为相电压，如图 1-10 所示。

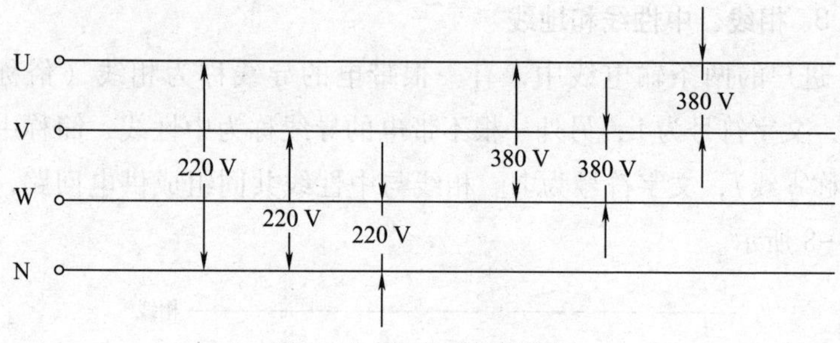

图 1-10　相电压与线电压

为了保证用电安全，防止触电事故的发生，常常再用一个导线把设备或电器的外壳可靠地连接到大地上，称为接地线，用 PE 表示。在三相电线路中，国家标准规定导线颜色为：U 相线用黄色，V 相线用蓝色，W 相线用红色，N 线用褐色，PE 线用黄绿相间色。

第2单元 安全用电及触电防护

模块1　安全用电常识

培训目标

1. 了解电气事故的类型和预防措施；
2. 掌握安全用电、防雷和电气消防知识；
3. 能识读电力安全标志。

由于电本身看不见，摸不着，因此具有潜在的危险性。为了安全、正确地使用电能，任何一名用电人员，都应该学习安全用电的基本知识，掌握用电常识，在保证人身和电气设备安全的前提下，合理、科学地使用电能。

一、预防电气事故的措施

电气事故是由于电能作用于人体或电能失去控制而导致的人身伤害或设备损坏。电气事故可分为触电事故、静电事故、雷电灾害、射频辐射危害和电路故障五类。电气事故是具有规律性的，且其规律是可以被人们认识和掌握的。在电气事故中，大量的事故都具有重复性和频发性，而无法预料、不可抗拒的事故是极少数的。只有遵守有关的电气安全技术操作规程，不断完善和总结电气安全技术措施和管理措施，电气事故才可以避免。

安全操作规程是为了保证安全生产而制定的，操作者必须遵守的操作活动规则。它是根据企业的生产性质、机器设备的特点和技术要求，结合具体情况及生产经验制定出的安全操作守则；是企业建立安全制度的基本文件，进行安全教育的重要内容；也是处理伤亡事故的一种依据。

二、电气事故的常见原因

电气事故的常见原因见表2-1。

表2-1　　电气事故的常见原因

原因	图示	原因举例
缺乏家庭用电安全常识	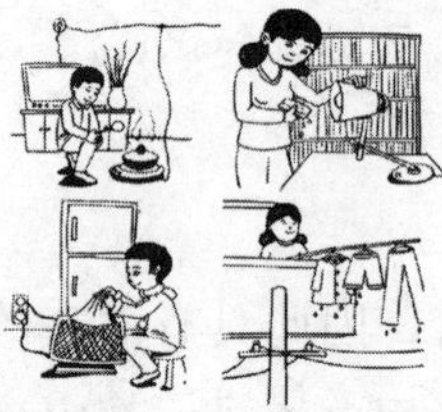	私自乱拉、乱接电线；盲目安装、修理电气线路或电器用具；湿手触摸或使用湿布擦拭带电灯具、开关等电器用具；在电加热设备上覆盖和烘烤衣物；将晒衣竿搁在架空电线上或晒衣铁架距离电力线太近
违章作业		如在电源线带电又无绝缘防护的情况下作业，导致触电
缺乏电气安全常识		如工地上临时安装了一盏碘钨灯用于照明，电线接在工地的移动配电箱上，照明灯靠在大吊车上，导致触电事故

续表

原因	图示	原因举例
设备有缺陷或故障		如使用伪劣照明设备引发火灾，导致伤亡事故
电气安装不符合要求		如对墙壁电线自行改造，引起电气漏电

三、安全用电知识

1. 个人安全用电常识

（1）严禁用一线（相线）一地（大地）安装用电器具。

（2）在一个电源插座上不允许引接过多或功率过大的用电器具和设备。

（3）未掌握有关电气设备和电气线路知识及技术的人员，不可安装和拆卸电气设备及电气线路。

（4）严禁用金属丝（如铁丝）绑扎电源线。

（5）不可用潮湿的手接触开关、插座及具有金属外壳的电气设备，不可用湿布擦拭电器。

（6）堆放物资、安装其他设施或搬移各种物体时，必须与带电设备或带电导体相隔一定的安全距离。

（7）严禁在电动机等电气设备上放置衣物，不可在电动机上坐立，不可将雨具等挂在电动机或电气设备的上方。

（8）在搬移电焊机、电风扇、洗衣机、电视机、电炉和电钻等可移动电器时，要先切断电源，更不可拖拉电源线来搬移电器。

（9）在潮湿的环境中使用可移动电器时，必须采用额定电压为36 V及以下的低压电器。若采用额定电压为220 V的电气设备时，必须使用隔离变压器。如在金属容器（如锅炉）及管道内使用移动电器，则应使用12 V的低压电器，并要加接临时开关，还要有专人在容器外监视。低电压的移动电器应装特殊型号的插头，以防误插入220 V或380 V的插座内。

（10）在雷雨天气，不可走近高压电杆、铁塔和避雷针的接地导体周围，以防雷电伤人。切勿走近断落在地面上的高压电线，万一进入跨步电压危险区时，要立即单脚或双脚并拢迅速跳离接地点10 m以外的区域，切不可奔跑，以防发生跨步电压触电。

2. 工厂安全用电基本知识

（1）不要随便乱动车间内的电气设备。使用的设备、工具，如果电气部分出了故障，应请电工修理；不得擅自修理，更不得带故障运行。

（2）经常接触和使用的配电箱、配电板、刀开关、按钮开关、插座、插头等，必须保持完好、安全，不得有破损或将带电部分裸露出来。

（3）各种操作电器的保护盖，在操作时必须盖好。

（4）电气设备的外壳应按有关安全规程进行防护性接地和接零。对接地和接零的设施要经常检查，保证连接牢固，且接地和接零的导线没有任何断开的地方。

（5）移动某些非固定安装的电气设备，如电风扇、照明灯、电焊机等时，必须先切断电源再移动。

（6）使用手电钻、电砂轮等手持电动工具时，必须注意如下事项：

1）必须安设漏电保护器，同时工具的金属外壳应进行防护性接地或接零。

2）使用单相的手持电动工具，其导线、插头、插座必须符合单相三孔的要求；使用三相的手持电动工具，其导线、插头、插座必须符合三相四孔的要求。其中一相用于保护性接零。严禁将导线直接插入插座内使用。

3）操作时应戴好绝缘手套，站在绝缘板或绝缘垫上。

4）不得将工件等重物压在导线上，以防轧断导线发生触电。

（7）使用的行灯要有良好的绝缘手柄和金属护罩。灯泡的金属灯口不得外露。引线要采用有护套的双芯软线，并有“T”形插头，避免插入高电压的插座中。一般场所，行灯的电压不得超过 36 V，在特别危险的场所，如锅炉中、金属容器内、潮湿的地沟处等，其电压不得超过 12 V。

（8）一般禁止使用临时线。必须使用时，应经过技术安全部门批准。临时线应按有关安全规定安装好，不得随便乱拉乱接，且应在规定时间内拆除。

（9）进行容易产生静电火灾、爆炸事故的操作时（如使用汽油洗涤零件、擦拭金属板材等）必须有良好的接地装置，及时导除聚集的静电。

四、防雷安全常识

金属接闪器（包括避雷针、避雷线、避雷带、避雷网）及用于接闪的金属屋面和金属构件等，应安装在建筑物顶部或使其高端比建筑物顶端更高，以吸引雷电，把雷电的强大电流传导到大地中去，防止雷电电流经过建筑物，从而使建筑物免遭雷击，起到保护建筑物的作用。雷雨天气防雷电灾害要注意以下事项。

（1）留在室内，并关好门窗；在室外工作的人应躲入有防雷设计的建筑物内。

（2）切勿接触天线、水管、铁丝网、金属门窗、建筑物外墙，远离电线等带电设备或其他类似金属装置。

（3）不宜使用无防雷措施或防雷措施不足的电视、音响等电器，不宜使用水龙头。

（4）减少使用固定电话和移动电话。

（5）切勿游泳或从事其他水上运动，不宜进行室外球类运动；离开水面及其他空旷场地，寻找地方躲避。

（6）切勿站立于山顶、楼顶上或其他接近导电性强的物体。

（7）切勿处理开口容器盛载的易燃物品。

（8）在旷野无法躲入有防雷设计的建筑物内时，应远离树木和桅杆。

（9）在空旷场地不宜打伞，不宜把羽毛球、高尔夫球棍等扛在肩上。还有一些所谓的绝缘体，如锄头等物，在雷雨天气中其实并不绝缘，也应扔掉。

（10）不宜开摩托车、骑自行车。

（11）在两次雷击之间1 min左右的间隙，应尽可能躲到能够防护的地方。不具备上述条件时，应立即双膝下蹲，向前弯曲，双手抱膝。

（12）在野外也可以凭借较高大的树木防雷，但千万记住要离开树干、树叶至少2 m的距离。以此类推，孤立的烟囱下、高大的金属物体旁、电线杆下都不宜逗留。此外，站在屋檐下也是不安全的，最好马上进入建筑物内。

（13）雷雨时，室内开灯应避免站立在灯头线下。

（14）不宜使用淋浴器。因为水管与防雷接地相连，雷电流可通过水流传导而致人触电。

五、电气消防知识

在发生电气设备火警时，或邻近电气设备附近发生火警时，电工应正确运用灭火知识，并指导和组织群众采取正确的措施灭火。

（1）电气设备发生火灾，首先要立刻切断电源，然后进行灭火，并立即拨打 119 消防报警电话。扑救电气火灾时应注意避免发生触电事故，通知电力部门派人到现场指导和监护扑救工作。

（2）在扑救尚未确定断电的电气火灾或无法切断电源时，应选择适当的灭火器和灭火装置，即采取带电灭火的方法，如选用二氧化碳、四氯化碳、1211、干粉灭火剂等不导电的灭火剂灭火，如图 2-1 所示为干粉和二氧化碳灭火器。

a）干粉灭火器

b）二氧化碳灭火器

图 2-1　干粉和二氧化碳灭火器

（3）带电灭火时，如果使用喷雾水枪，水枪喷嘴应可靠接地，同时要穿绝缘鞋，戴绝缘手套。

（4）灭火人员应站在上风位置进行灭火，当发现有毒烟雾时，应马上戴上防毒面罩。凡是工厂转动设备和电气设备或器件着火，不准使用泡沫灭火器和沙土灭火。

（5）若火灾发生在夜间，应准备足够的照明和消防用电。

（6）室内着火时不要急于打开门窗，以防止空气流通而加大火势。只有做好充分的灭火准备后，才可有选择地打开门窗。

（7）当灭火人员身上着火时，灭火人员可就地打滚或撕脱衣服；不能用灭火器直接向灭火人员身上喷射，而应使用湿麻袋、石棉布或湿棉被将灭火人员覆盖。

六、常用安全标志

安全标志是指在有触电危险的场所或容易产生误判断、误操作的地方，以及存在不安全因素的现场设置的文字或图形标志。

1. 安全色及其含义

国家标准 GB 2893—2008《安全色》中采用了红、蓝、黄、绿四种颜色为安全色。其含义及用途见表 2–2。

表 2–2　　安全色的含义及用途

颜色	含义	用途举例
红色	禁止、停止	禁止标志：交通禁令标志；机械、车辆上的紧急停止按钮或刹车手柄；禁止人们触动的部位；消防设备标志
蓝色	指令	指令标志：如必须佩戴个人防护用具；道路上指引车辆和行人行驶方向的指令
黄色	警告、注意	警告标志、警戒标志：如厂内危险机器和坑池周围的警戒线；行车道中线；机械上齿轮箱内部；安全帽
绿色	提示、安全状态、通行	提示标志：车间内的安全通道行人和车辆通行标志；消防设备和其他安全防护设备的位置

2. 安全标志的构成及分类

电力安全标志按用途可分：禁止标志、警告标志、指令标志和提示标志。安全标志是用以表达特定安全信息的标志，根据国家有关标准，安全标志由图形符号、安全色、几何形状（边框）或文字等构成。使用过程中，严禁拆除、更换和移动。

安全标志摘自国家标准 GB 2894—2008《安全标志及其使用导则》，该标准适用于公共场所、工业企业、建筑工地和其他有必要提醒人们注意安全的场所。

（1）禁止标志。禁止标志的含义：禁止人们不安全行为的图形标志；基本形式：带斜杠的红色圆边框（其图形符号为黑色、背景为白色）。常见的禁止标志示例见表 2-3。

表 2-3　　常见的禁止标志示例

图形标志	名称	图形标志	名称
	禁止合闸		禁止靠近
	禁止启动		禁止用水灭火

（2）警告标志。警告标志的基本含义：提醒人们对周围环境引起注意，以避免可能发生危险的图形标志；警告标志的形式：三角形的黑色边框（其图形符号为黑色、背景为有警告意义的黄色）。常见的警告标志示例见表 2-4。

表2-4　　常见的警告标志示例

图形标志	名称	图形标志	名称
	注意安全		当心触电
	当心电缆		当心自动启动

（3）指令标志。指令标志的含义：强制人们必须做出某种动作或采用防范措施的图形标志；指令标志的基本形式：圆形边框（其背景为具有指令含义的蓝色，图形符号为白色）。常见的指令标志示例见表2-5。

表2-5　　常见的指令标志示例

图形标志	名称	图形标志	名称
	必须穿防护鞋		必须戴安全帽
	必须接地		必须拔出插头

（4）提示标志。提示标志的含义：向人们提供某种信息（如标明安全设施或场所等）的图形标志；提示标志的基本形式：正方形边框（其背景为绿色、图形符号及文字为白色）。常见的提示标志示例见表 2–6。

表 2–6　　常见的提示标志示例

图形标志	名称	图形标志	名称
	紧急出口（左向）		紧急出口（右向）
	避险处		可动火区

模块 2　触电防护及触电急救技术

培训目标

1. 了解触电形式及发生触电事故的原因；
2. 熟练掌握触电的防护技术；
3. 熟悉电工安全操作规程。

一、触电的基本知识

触电是指电流流过人体时对人体产生的生理和病理伤害，这种伤害是多方面的，可分为电击和电伤两种类型。

1. 电击

电击是由于电流通过人体而造成的内部组织损伤，绝大部分触电死亡事故都是由电击造成的。

电击可分为：直接电击和间接电击。直接电击是指人体直接触及正常运行的带电体所发生的电击。间接电击则是指电气设备发生故障后，人体触及意外带电部分所发生的电击。因此，直接电击也称为正常情况下的电击，间接电击也称为故障情况下的电击。

2. 电伤

电伤是指由于电流的热效应、化学效应或机械效应对人体外表造成的局部伤害，它常常与电击同时发生。电伤最常见的有电灼伤、电烙印、皮肤金属化三种类型。

3. 安全电流与安全电压

安全电流是指电流通过人体时，对人体无有害的生理效应，并能自动摆脱带电体的最大电流值（约为 10 mA）。交流电（50~60 Hz）对人体来说最危险。根据经验，大于 10 mA 的交流电流或大于 20 mA 的直流电流流过人体时，就可能危及生命，即 50~60 Hz 的交流电流低于 10 mA，直流电流低于 20 mA 为安全电流。

人体电阻主要包括人体内部电阻和皮肤电阻，一般按 1 500~2 000 Ω 考虑（通常取 800~1 000 Ω）。为了使通过人体的电流不超过安全电流值，我国把安全电压的额定值分为 42 V、36 V、24 V、12 V 和 6 V 五个等级。在实际应用中，根据环境要求可选用不同等级的安全电压。

二、触电的形式

根据人体触及带电体的形式不同，触电形式可分为单相触电、两相触电和跨步电压触电。常见的触电形式见表 2-7。

表 2-7　　　　常见的触电形式

触电形式	图示	触电情况	危险程度
单相触电	 火线	人体只触及一根相线（或漏电的电气设备）	人体承受 220 V 相电压，很危险
两相触电		人体同时触及两根相线	人体承受 380 V 线电压，非常危险
跨步电压触电	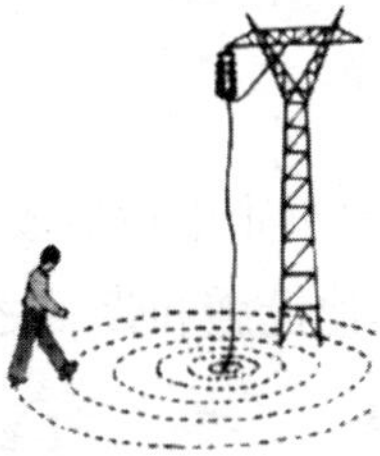	在高压电网、防雷接地点以及高压相线断落或绝缘损坏处	两脚间承受很大的跨步电压，是最危险的触电形式

三、触电防护技术

人体触电事故的发生，一般不外乎以下两种情况：一是人体直接触及或过分靠近电气设备的带电部分，称为直接接触触电；二是人体碰触平时不带电，但因绝缘损坏而带电的金属外壳或金属构架，称为间接接触触电。针对这两种人身触电情况，必须从电气设备本身采取措施以及在从事电气工作时采取妥善的保障人身安全的技术措施和组织措施。

1. 直接接触触电的防护技术

预防直接接触触电的技术措施主要有绝缘、屏护、设置安全距离。

绝缘是指用绝缘材料把带电体封闭起来，实现带电体互相之间、带电体与其他物体之间的电气隔离，使电流按指定路径通过，确保电气设备和线路正常工作，防止人体触电。

屏护是采用屏护装置，即采用遮拦、护罩、护盖、箱闸等把带电体同外界隔绝开来，如图2-2所示。

a）配电站内隔离围栏

b）配电箱体

图2-2 常见屏护装置

设置安全距离是为了防止人体触及或接近带电体造成触电事故。同时，在带电体与地面之间、带电体与其他设施和设备之间、带电体与带电体之间均需保持一定的安全距离。

2. 间接接触触电的防护技术

防止间接接触触电的技术措施有保护接地、保护接零、安装漏电保护装置等。

（1）接地与接地装置。供电系统中，为了保证电气设备的正常工作或防止人身触电，而将电气设备的某一部位经接地装置与大地作良好的电气连接，此连接称为接地。

接地装置就是用来连接电气设备和大地的装置，由接地体和接地（引下）线两部分组成，其中与土壤直接接触的金属物体，称为接地体，连接接地体和设备接地点之间的金属导线，称为接地线。

接地装置按接地体的数量不同分为 3 种组成形式。常见的接地体组成形式见表 2-8。

表 2-8　　常见的接地体组成形式

组成	图示	方法及注意事项
单极接地装置（简称单极接地）	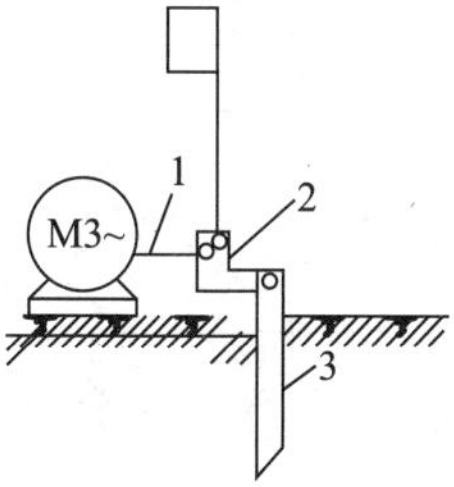 1—接地支线　2—接地干线　3—接地体	由一支接地体构成，接地线一端与接地体连接，另一端与设备的接地点连接。它适用于接地要求不太高和设备接地点较少的场所
多极接地装置（简称多极接地）	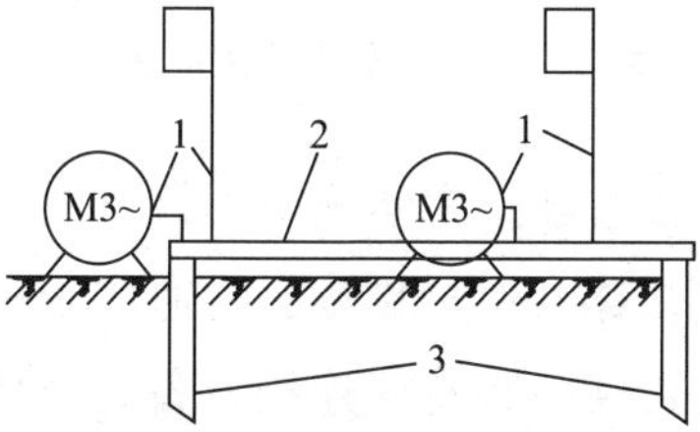 1—接地支线　2—接地干线　3—接地体	由两支以上的接地体构成，各接地体之间用接地干线连成一体，形成并联，减少了接地电阻。接地支线一端与接地干线连接，另一端与设备的接地点直接连接。多极接地装置可靠性强，适用于接地要求较高而设备接地点较多的场所
接地网络（简称接地网）	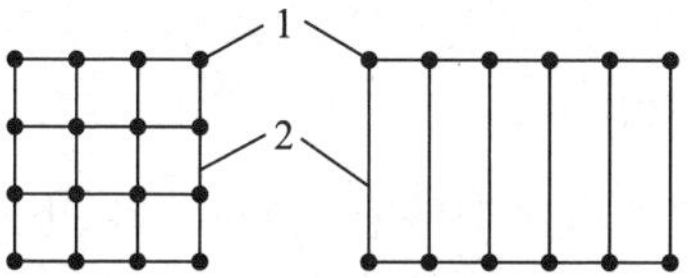 1—接地体　2—接地线	由多支接地体用接地干线将其互相连接形成，既方便群体设备的接地需要，又加强了接地装置的可靠性，也减小了接地电阻。适用于配电所以及接地点多的车间或露天作业等场所

（2）保护接地。将电气设备金属部分通过接地线、接地体与大地直接连接，从而把故障电压限制在安全范围以内的做法称为保护接地，它适应于 1 kV 以下中性点不接地三相供电系统。假如电气设备有一相漏电，漏电流通过绝缘电阻构成回路，这一漏电流本来就很小，而接地电阻与人体电阻并联，将大部分漏电流旁路，从而保

证了人身安全。如图 2-3 所示为中性点不接地三相供电系统的保护接地。

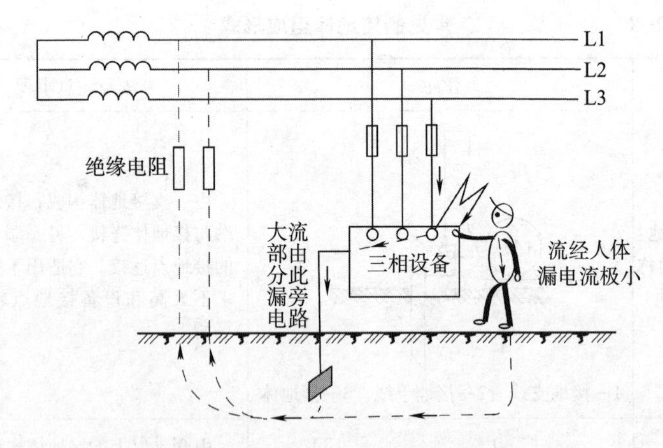

图 2-3　中性点不接地三相供电系统的保护接地

（3）保护接零。将电气设备在正常情况下不带电的外露导电部分与供电系统中的零线相接，称为保护接零，它适应于中性点接地的三相四线供电系统。当线路某一相直接连接设备金属外壳时，即形成短路，促使线路保护装置迅速动作，断开电源，消除触电危险，如图 2-4 所示。

采用保护接零须注意以下几点：

1）保护接零只能用于中性点接地的三相四线制供电系统。

2）接零导线必须牢固可靠，防止断线、脱线。

3）零线上禁止安装熔断器和单独的断流开关。

4）零线每隔一定距离要重复接地一次。一般中性点接地要求接地电阻小于 10 Ω。

5）接零保护系统中的所有电气设备的金属外壳都要接零，绝不可以一部分接零，一部分接地。

（4）漏电保护装置。漏电保护装置的作用主要是防止由漏电

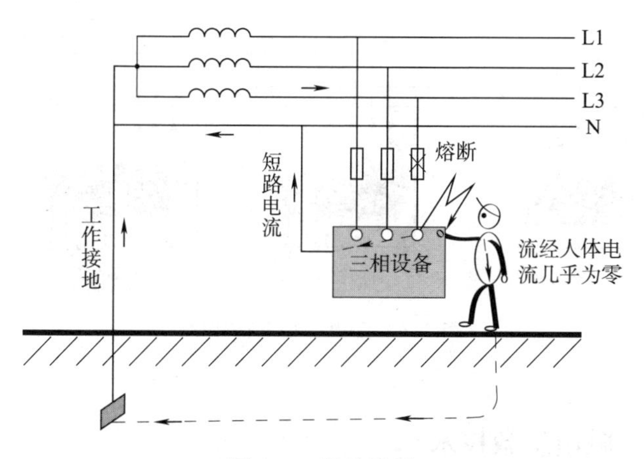

图 2-4　保护接零

引起的触电事故和防止单相触电事故，还有就是防止由于漏电引起的火灾事故及监视或切除一相接地故障。此外，有的漏电保护器还能切除三相电动机单相运行（即缺一相运行）故障。适用于 1 000 V 以下的低压系统，凡有可能触及带电部件或在潮湿场所装有电气设备时，均应装设漏电保护装置。如图 2-5 所示为几种漏电保护器。

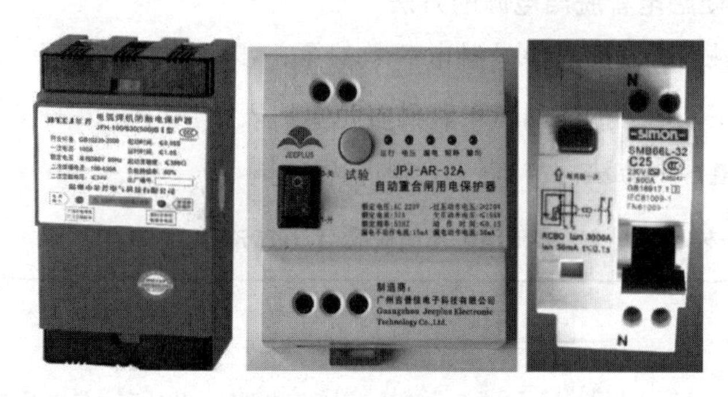

图 2-5　几种漏电保护器

漏电保护器接线如图 2-6 所示。

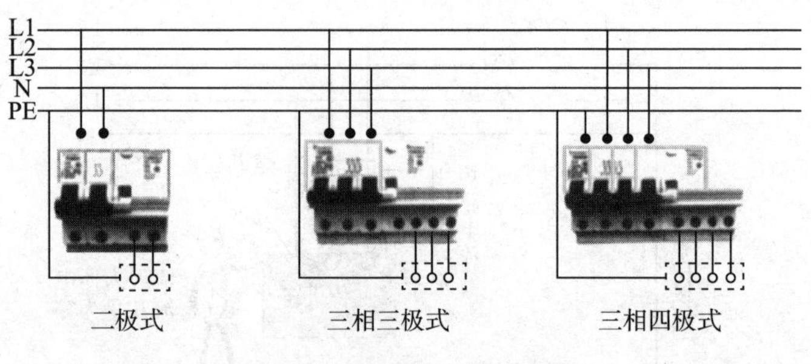

图 2-6　漏电保护器接线图

四、触电急救技术

触电急救的要点是：抢救迅速和救护得法。即用最快的速度在现场采取正确急救措施，保护触电者生命，减轻伤情，减少痛苦，并根据伤情需要迅速联系医疗救护等部门救治。一旦发现有人触电后，周围人员首先应迅速拉闸断电，尽快使触电者脱离电源；若周围有电工，则应争分夺秒地进行抢救，并迅速联系医疗救护等部门救治。

1. 使触电者脱离电源的方法

使触电者脱离电源是触电急救的第一步，应越快越好，因为电流作用在人体上的时间越长，伤害越重。表 2-9 中是几种低压触电时脱离电源的方法。

表 2-9　　低压触电时脱离电源的方法

方法	图示	步骤及注意事项
拉		附近有电源开关或插座，应立即拉下开关或拔掉电源插头。应确定拔掉的插头或拉下的开关是触电事故的电源

续表

方法	图示	步骤及注意事项
切		若一时找不到触电电源的开关和插座，可用绝缘良好的钢丝钳或断线钳剪断电线。电线应逐根剪断，禁止同时剪断造成电线短路
拽	手套 木板	抢救者可戴上绝缘手套或在手上包缠干燥的衣服等绝缘物品拖拽触电者。也可站在干燥的物体上，用一只手将触电者拽开。绝缘物体可用木板、橡胶垫等，不要用两只手直接拖拽触电者
挑		对于导线绝缘损坏造成的触电，可用绝缘工具或干燥的木棒等将电线挑开，挑开的破损导线要远离触电现场并及时进行绝缘处理

2. 重要生命体征的观察判定

将触电者脱离电源后，迅速移至干燥、通风的场所，使其仰卧，并将其上衣和裤带放松，排除妨碍呼吸的因素，然后迅速观察并判定触电者是否有心跳、呼吸，方法见表 2-10。

表 2-10　　重要生命体征的观察判定

检查项目	图示	方法及注意事项
脉搏检查		正常人在安静状态下脉搏为 60~100 次/min，可用中指及无名指测颈总动脉，判定是否有脉搏，从而判定是否还有心跳

续表

检查项目	图示	方法及注意事项
呼吸检查		当呼吸存在时，人的胸部、腹部会有起伏，在呼吸微弱时，用耳朵及面部侧贴于口及鼻孔前，可感知有无气体呼出
瞳孔检查	瞳孔正常　瞳孔放大	正常两侧瞳孔等大、等圆，大小可随外界光线的强弱而变化；若瞳孔放大，是临床死亡的重要体征之一

3. 触电急救的方法

触电急救采用心肺复苏法，通常指联合运用人工呼吸法和胸外心脏按压法，挽救心跳、呼吸骤停病人的急救方法。现场心肺复苏主要有三个步骤，即：开放气道、人工呼吸、胸外心脏按压。

（1）人工呼吸法。对有心跳而呼吸停止的触电者，应采用人工呼吸法。急救过程按照表2-11中步骤连续、重复进行，每5 s一次，其中吹2 s、停3 s，不得中断，直到医护人员到达。

表2-11　　人工呼吸法

急救步骤	图示	方法及注意事项
开放气道		触电者仰卧，松解衣领、腰带等，使其胸部可自由伸张，清除其口鼻中异物和假牙等，必要时将舌拉出来以免舌根后坠阻塞呼吸道
		使触电者仰卧，救护人员跪在触电者一侧，一手捏紧触电者鼻孔，另一手扶着其下颌，使嘴张开；将触电者头部后仰，使呼吸道畅通

续表

急救步骤	图示	方法及注意事项
呼吸支持		救护人员捏紧触电者鼻孔，深吸一口气，将口紧贴触电者的口（最好隔一块纱布），向触电者口内大口吹气，使其胸部能随吹气起伏
		吹气完毕，立即离开触电者嘴巴，使其胸部自行回缩，此时应根据触电者的胸部复原情况，观察呼吸道有无阻塞现象

（2）胸外心脏按压法。心搏停止、呼吸存在者，应立即进行人工胸外心脏按压，具体方法见表 2–12。单人抢救时每按压 15 次后吹气 2 次（15：2），反复进行。双人抢救时，每按压 5 次后由另一人吹气 1 次（5：1），反复进行。

表 2–12　　胸外心脏按压法

急救步骤	图示	方法及注意事项
按压位置		使触电者仰卧，抢救者站或跪在一侧；两手交叉相叠，用手掌根贴在其胸骨上 2/3 与下 1/3 交界处，两臂肘关节伸直，垂直均衡地用力向下按压
实施按压		施救者靠上身重量作快速按压，按压深度 5~6 cm，使心脏受到压迫，然后放松，有节奏地一压一松，成人每分钟 100~120 次，儿童适度降低按压深度，减少次数

4. 触电急救注意事项

（1）心肺复苏应在现场就地坚持进行。抢救中断时间不应超过30 s。

（2）移动触电者或将触电者送往医院时，应使其平躺在担架上，并在其背部垫以平硬阔木板。移动或送医院过程中应继续抢救，对心跳、呼吸停止者要继续用心肺复苏法抢救，在医务人员未接救治前不能中止。

（3）应尽量创造条件，使用塑料袋装入冰屑做成帽状或用冰袋包绕在触电者头部，露出眼睛，使脑部温度降低，争取心肺脑完全复苏。

（4）如触电者的心跳和呼吸经抢救后均已恢复，可暂停心肺复苏法操作，但心跳呼吸恢复的早期有可能再次骤停，应严密监护，不能放松警惕，要随时准备再次抢救。

（5）初期恢复后，触电者可能神志不清或精神恍惚、躁动，应设法使其安静。

（6）在进行现场触电抢救时，对采用肾上腺素等药物治疗应持慎重态度。在医院内抢救触电者时，由医务人员经医疗仪器设备检测诊断后，根据诊断结果决定是否采用。

第3单元

常用电工工具与仪表

模块1　常用电工工具

培训目标

1. 熟悉常用电工工具的结构和类型；

2. 掌握常用电工工具的使用方法及使用注意事项。

一、低压验电器

1. 低压验电器的类型、结构及握法

低压验电器的常用类型有旋具式（螺丝刀式）、笔式、数字显示式三类，是检验导线和电气设备是否带电的一种电工常用工具。一般低压验电器的测量范围为60~500 V。常用低压验电器的类型、结构及握法见表3-1。

2. 低压验电器的使用方法

旋具式和笔式低压验电器的正确使用方法见表3-2。

表 3–1　　　　低压验电器的类型、结构及握法

类型	结构	握法
旋具式	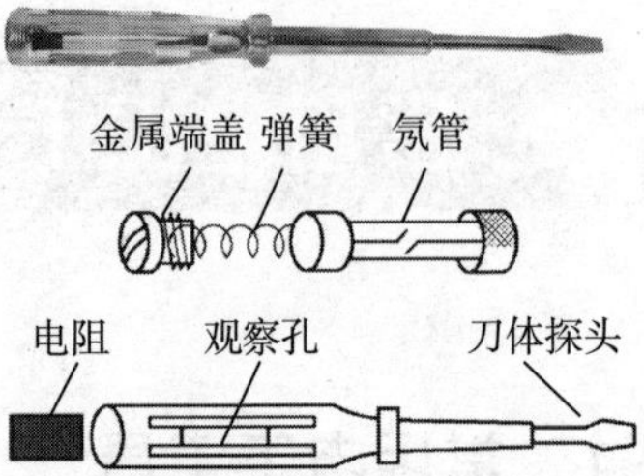	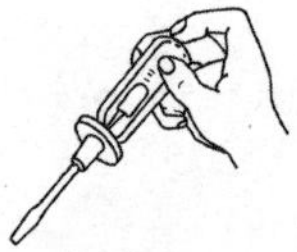
笔式	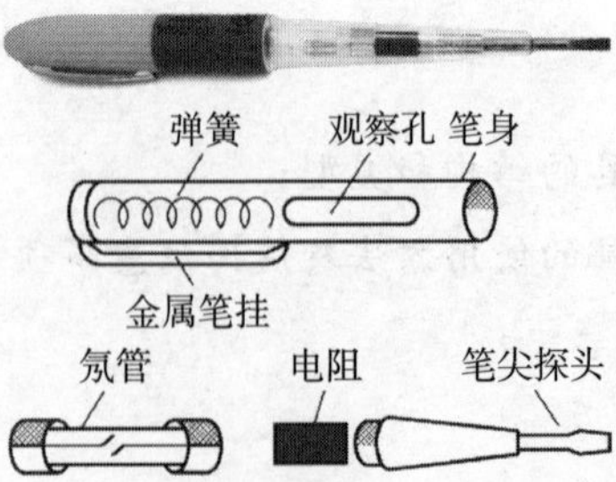	
数字显示式	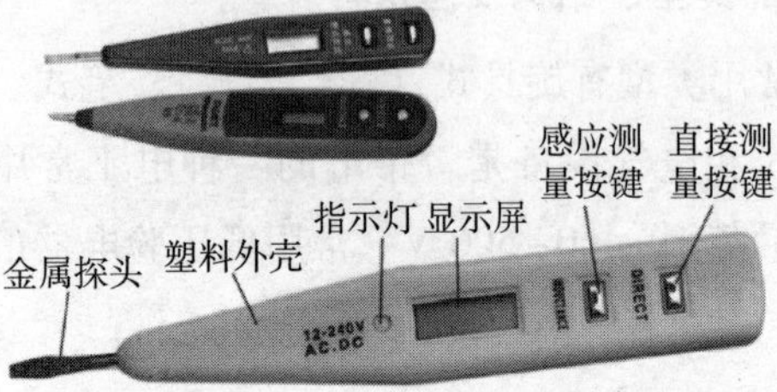	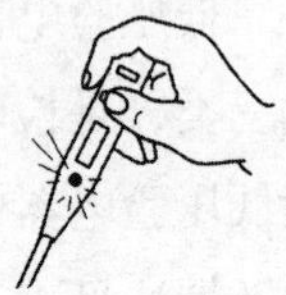

表 3–2　　　　旋具式和笔式低压验电器的使用方法

作用	方法要点
区别电压高低	测试时，可根据氖管发光的强弱来判断电压的高低：光强则电压高，光弱则电压低
区别相线与零线	在交流电路中，当验电器笔尖触及导线时，氖管发光的为相线，正常情况下，触及零线是不发光的

续表

作用	方法要点
区别直流电与交流电	交流电通过验电器时，氖管的两极同时发光；直流电通过验电器时氖管只有一极发光
区别直流电正负极	把验电器连接在直流电的正、负极之间，氖管发光的一端为直流电的负极
识别相线碰壳	用验电器触及电机和变压器等电气设备外壳，若氖管发光，则说明该设备相线有碰壳现象
识别相线接地	用验电器触及三相三线制星形接法的交流电时，如果有两根在测试时氖管发光比通常稍亮，而另一根在测试时氖管发光的亮度较暗，则说明亮度较暗的相线有接地现象，但还不太严重；如果两根很亮，而另一根不亮，则这一相有接地现象（注意：在三相四线制电路中，当单相接地后，中性线用验电器测量时也会发亮，不是故障现象）

3. 使用验电器时的注意事项

（1）验电器使用前必须检查外观是否完好，塑料壳内是否有电阻和氖管，不符合要求的验电器不能使用。

（2）验电器使用前应先在有电的设备上进行验电，以证明验电器是好的。

（3）验电器笔尖金属部分应用绝缘胶布包好，笔尖金属裸露部分不能超过5 mm，以防笔尖过长，在验电过程中发生接地或短路事故。

（4）注意要用笔尖接触被测的导体，手指不能碰到笔尖，以防触电。

二、电工钳

1. 尖嘴钳

尖嘴钳的头部尖细，适用于在狭小的空间操作。钳柄有铁柄和绝缘柄两种，绝缘柄的耐压为500 V，尖嘴钳的外形如图3－1

所示。

尖嘴钳主要用于切断和弯曲细小的导线、金属丝；夹持小螺钉、垫圈及导线等元件；将导线端头弯曲成所需的形状。若使用尖嘴钳带电作业，应检查其绝缘是否良好，并在作业时金属部分不要触及人体或邻近的带电体。

2. 钢丝钳

钢丝钳是一种夹持或折断金属薄片、切断金属丝的工具，电工用钢丝钳的柄部套有绝缘套管（耐压大于500 V），其规格用钢丝钳全长的毫米数表示，常用的有150 mm、175 mm、200 mm 3种。钢丝钳的外形如图3-2所示。

钢丝钳在电工作业时，用途广泛。钳口可用来弯绞或钳夹导线线头；齿口可用来紧固或起松螺母；刀口可用来剪切导线或钳削导线绝缘层；铡口可用来铡切导线线芯、钢丝等较硬线材。使用前，应检查钢丝钳绝缘是否良好，以免带电作业时造成触电事故。在带电剪切导线时，不得用刀口同时剪切不同电位的两根线（如相线与零线、相线与相线等），以免发生短路事故。

3. 剥线钳

剥线钳用于剥除小直径导线的绝缘层，其钳口部分设有几个刃口，用以剥落不同线径导线的绝缘层。剥线钳外形如图3-3所示。使用时，将要剥削的绝缘层长度用标尺定好后，即可把导线放入相应的刃口中（比导线直径稍大），用手将柄握紧，导线的绝缘层即被割破，且自动弹出。

图3-1　尖嘴钳　　图3-2　钢丝钳　　图3-3　剥线钳

三、电工刀

1. 电工刀的作用和类型

电工刀用于剖削导线、电缆的绝缘层，切割木台缺口，削制木榫等。其外形如图 3-4 所示。电工刀有一用（普通式）、两用及多用三种。多用电工刀除刀片外，还有锯片、钻子等，刀片用来剖削导线绝缘层，锯片用来锯削导线槽板和圆垫木，钻子用来钻削木板眼孔。

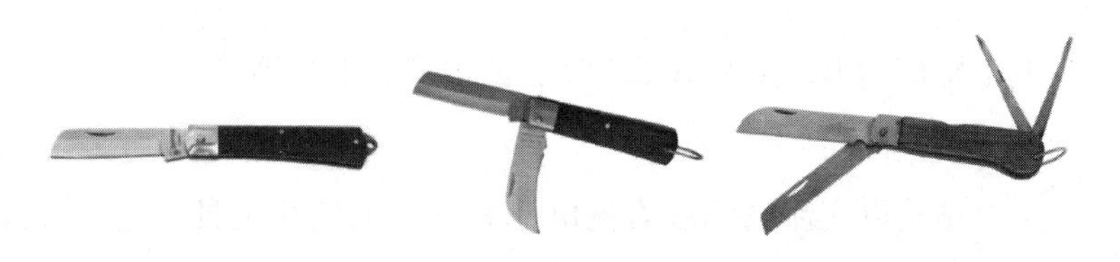

图 3-4　一用、两用和多用电工刀

2. 电工刀的使用方法

（1）电工刀的刀刃部分要磨得锋利才利于剥削导线的绝缘层，但不可太锋利，太锋利容易削伤线芯，而太钝，则无法剥削导线的绝缘层。刀刃口略微圆一些利于对双芯护套线的外层绝缘进行剥削，可以用刀刃对准两芯线的中间部位，把导线一剖为二。

（2）芯线截面大于 4 mm^2 的塑料硬线需用电工刀剖削绝缘层，用电工刀剖削导线绝缘层时，刀面与导线成 45°角切入，接着以 25°角用力向线端推削，切忌把刀刃垂直对着导线切割绝缘层，因为这样容易割伤导线线芯。

（3）木槽板或塑料槽板的吻接凹槽可采用电工刀在施工现场切削，通常用左手托住圆木，右手持刀切削。利用电工刀还可以削制木榫、竹榫等。

（4）多功能电工刀除了刀片以外，有的还带有尺子、锯片、剪刀、锥针和扩孔锥等。多功能电工刀的锯片，可用来锯割木条、竹条、制作木榫、竹榫。

（5）在硬杂木上拧螺钉很费劲时，可先用多功能电工刀上的锥针钻个洞，然后再拧螺钉便可省力。

（6）导线、电缆的接头处常使用塑料或橡皮带等作加强绝缘，这种绝缘材料可用多功能电工刀的剪刀剪断。

四、电工常用的电动工具

电工常用的电动工具有手电钻、冲击钻、电锤等。

1. 手电钻

手电钻是以交流电源或直流电池为动力的钻孔工具，是手持式电动工具中的一种，其外形如图 3-5 所示。手电钻广泛用于建筑、装修、家具制造等行业。

2. 冲击钻

冲击钻电动机电压有 0~230 V 与 0~115 V 两种，控制微动开关的离合，可获得电动机快慢二级不同的转速，同时配备了顺逆转向控制机构。冲击钻主要用于对混凝土地板、墙壁、砖块、石料、木板和多层材料进行冲击打孔；另外，还可用于在木材、陶瓷和塑料等材料上钻孔和攻牙。冲击钻的外形如图 3-6 所示。

3. 电锤

电锤是在电钻的基础上，增加了一个由电动机带动有曲轴连杆的活塞，在一个气缸内往复压缩空气，使气缸内空气压力呈周期变化，变化的空气压力带动气缸中的击锤往复打击钻头的顶部，相当于用锤子敲击钻头，故名电锤。其主要用途是在墙面、混凝土、石材上面打孔。电锤的外形如图 3-7 所示。

图3-5　手电钻　　图3-6　冲击钻　　图3-7　电锤

五、电烙铁

电烙铁是一种手工焊接工具，它是电路装配和检修不可缺少的工具，元器件的安装和拆卸都要用到它。正确使用电烙铁是电工操作实践能力的重要内容。

1. 电烙铁的结构

电烙铁主要由烙铁头、套管、烙铁芯（发热体）、手柄和电源线等组成，电烙铁的结构如图3-8所示。当烙铁芯通过导线供电后会发热，发热的烙铁芯通过金属套管加热烙铁头，烙铁头的温度达到一定值时就可以进行焊接操作。

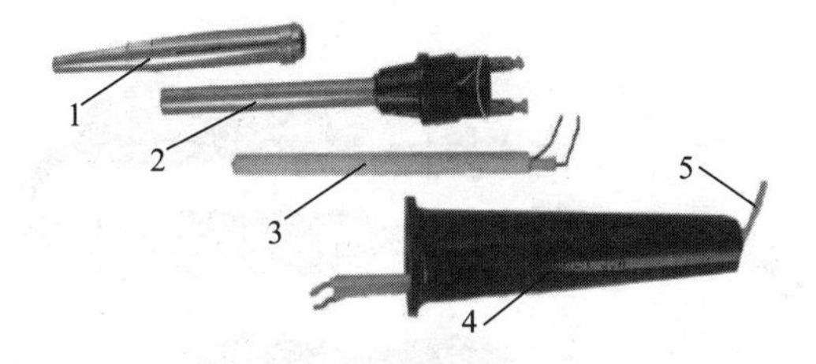

图3-8　电烙铁的结构

1—烙铁头　2—套管　3—烙铁芯　4—手柄　5—电源线

2. 电烙铁的种类

电烙铁的种类很多，常见的有内热式电烙铁、外热式电烙铁、恒温电烙铁和吸锡电烙铁等。

（1）内热式电烙铁。内热式电烙铁是指烙铁头套在发热体外部的电烙铁，如图 3-9 所示。内热式电烙铁体积小、重量轻、预热时间短，一般用于小元件的焊接，功率一般较小，但发热元件易损坏、难维修。

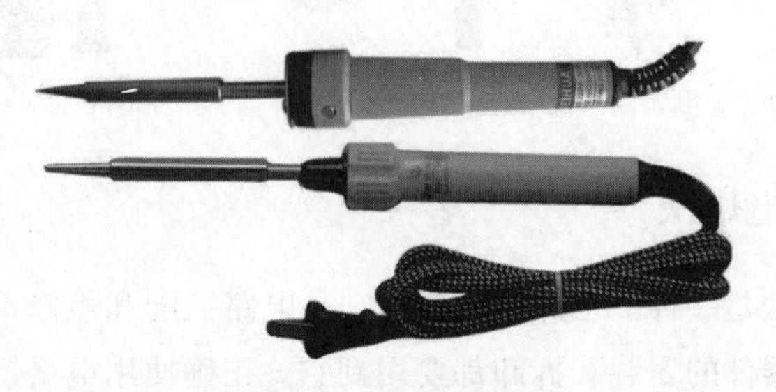

图 3-9　内热式电烙铁

（2）外热式电烙铁。外热式电烙铁是指烙铁头安装在发热体内部的电烙铁，如图 3-10 所示。外热式电烙铁的烙铁头长短可以调整，烙铁头越短，烙铁头的温度就越高，烙铁头有凿式、尖锥形、圆面形、圆尖锥形和半圆沟形等不同的形状，可以适应不同焊接面的需要。

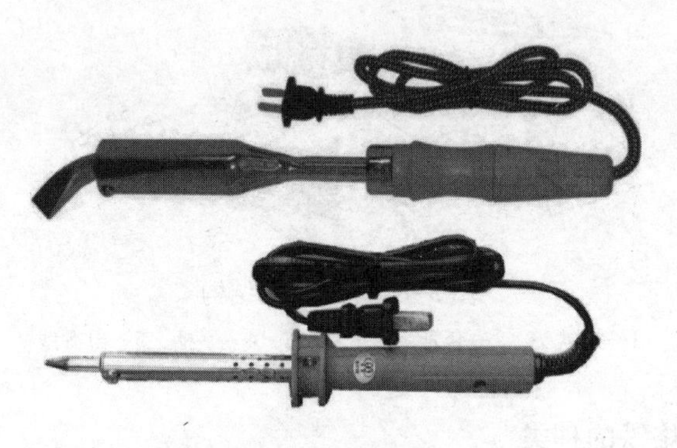

图 3-10　外热式电烙铁

（3）恒温电烙铁。恒温电烙铁是一种利用温度控制装置来控制通电时间，使烙铁头保持恒温的电烙铁，如图 3-11 所示。恒温电烙铁一般用来焊接温度不宜过高、焊接时间不宜过长的元器件。有些恒温电烙铁还可以调节温度，温度调节范围一般为 200~450 ℃。

图 3-11　恒温电烙铁

（4）吸锡电烙铁。吸锡电烙铁是将活塞式吸锡器与电烙铁融于一体的拆焊工具。吸锡电烙铁如图 3-12 所示。在使用吸锡电烙铁时，先用带孔的烙铁头将元件引脚上的焊锡熔化，然后让活塞运动产生吸引力，将元件引脚上的焊锡吸入带孔的烙铁头内部，这样元件就很容易拆下。

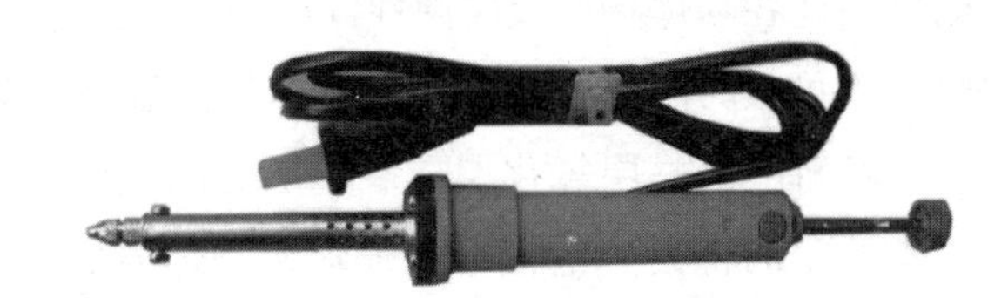

图 3-12　吸锡电烙铁

3. 电烙铁的选用原则

（1）在选用电烙铁时，烙铁头的形状要适应被焊件物面要求和产品装配密度。对于焊接面小的元件，可选用尖嘴电烙铁，对于焊接面大的元件，可选用扁嘴电烙铁。

（2）在焊接集成电路、晶体管及其他受热易损坏的元件时，一般选用 20 W 内热式或 25 W 外热式电烙铁。

（3）在焊接较粗的导线和同轴电缆时，一般选用 50 W 内热式或者 45~75 W 外热式电烙铁。

（4）在焊接很大的元件时，如金属底盘接地焊片，可选用 100 W 以上的电烙铁。

4. 焊接的基本要求和步骤

（1）焊接的基本要求。焊接前一般要把元器件引脚和电路板的焊接部位的氧化层除去，并用焊剂进行上锡处理，使得烙铁头的前端经常保持一层薄锡，以防止氧化、减少能耗。

（2）焊接步骤。烙铁头上先熔化少量的焊锡和松香，将烙铁头和焊锡丝同时对准焊点。在烙铁头上的助焊剂尚未挥发完时，将烙铁头和焊锡丝同时接触焊点，开始熔化焊锡。当焊锡浸润整个焊点后，同时移开烙铁头和焊锡丝。

5. 电烙铁的使用注意事项

（1）在金属工作台、金属容器内或潮湿导电地面上使用电烙铁时，其金属外壳应妥善接地，以防触电。

（2）电烙铁不能在易爆场所或腐蚀性气体中使用。

（3）电烙铁不可长时间通电。长期通电产生高温会“烧死”烙铁头，即烙铁头表面产生一层氧化层。氧化层起阻热作用，被氧化了的烙铁头不能迅速地将其热量传导到被焊接物体表面，使得电烙铁挂不上锡，焊接不能正常进行。这时要用刀片或细锉将氧化层清除，挂上锡后继续使用。

（4）使用烙铁时，不准甩动焊头，以免锡珠溅出灼伤人体。

（5）对于小型电子元器件（如晶体管等）及印制电路板，焊接温度要适当，加温时间要短，一般焊接时间为2~3 s。

（6）对于截面积2.5 mm^2 以上的导线、元器件的底盘焊片及金属制品，加热时间要充分，以免造成“虚焊”。

（7）各种焊剂都有不同程度的腐蚀作用，因此焊接完毕后必须清除残留的焊剂（松香焊剂除外）。

（8）焊接完后，要及时清理焊接中掉下来的锡渣。

模块2　常用电工仪表

培训目标

1. 熟悉常用电工仪表的结构和类型；
2. 掌握常用电工仪表的使用方法及使用注意事项。

一、万用表

万用表有模拟式和数字式两种类型，其中每种又有多种型号。

1. 模拟式万用表

下面以 MF47 型万用表为例，说明模拟式万用表的使用方法。MF47 型模拟式万用表如图 3-13 所示，其结构主要包括表头、转换开关、机械调零旋钮、插孔、表笔等。万用表所用红、黑表笔如图 3-14 所示。

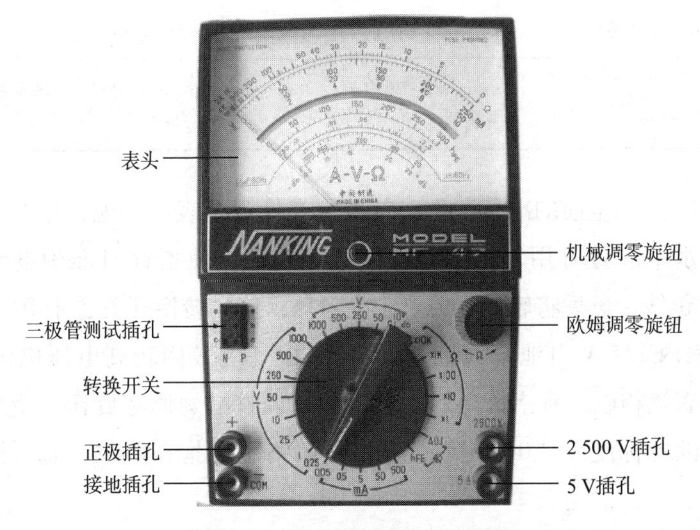

图 3-13　MF47 型模拟式万用表

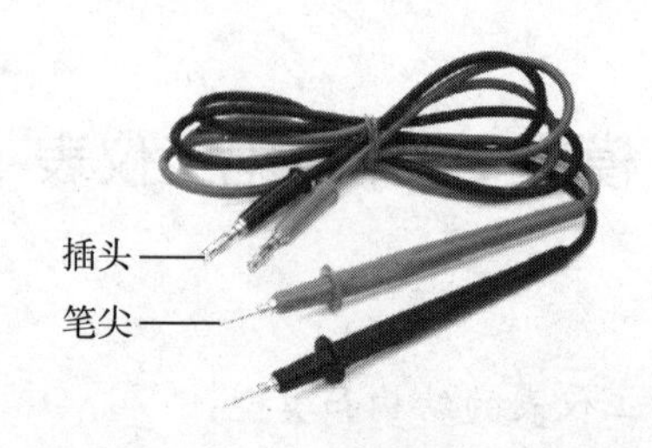

图 3-14　MF47 型模拟式万用表表笔

模拟式万用表表盘上各组成部分的作用见表 3-3。

表 3-3　　模拟式万用表表盘上各组成部分的作用

万用表表盘组成部分	作用
表头	指示测量结果
转换开关	选择测量类型和量程
机械调零旋钮	测量前使万用表指针指在零位置上
欧姆调零旋钮	测量电阻前机械调零后还要进行欧姆调零
插孔	插红、黑表笔，“+”插孔插红表笔，“-”插孔插黑表笔

（1）测量前的准备工作。首先检查外观及表内电池，检查的方法是水平放置万用表，转动机械调零旋钮，使指针对准刻度盘的“0”位线，然后将转换开关置于电阻挡，倍率转换开关置于 R×1 挡（测表内 1.5 V 电池）或置于 R×10 k 挡（测表内较高电压电池），将两表笔相碰，看指针是否指在零位，调整欧姆调零旋钮，使指针对准欧姆标度尺“0”位线，若指针始终不能指在零位，需更换新电池。

其次检查两表笔位置是否正确，红表笔应接在标有“+”号的接线孔上，黑表笔应接在标有“-”号或“*”号的接线孔上。有些万用表另有交、直流 2 500 V 的高压测量端钮，若测量高压时，可将红表笔插在此接线柱上，黑表笔不动。

（2）用欧姆挡测电阻。使用欧姆挡测电阻时，仪表的指针越接近标度尺的中心部分读数越准确。一般可以比较清晰地读出中心阻值的 20 倍。以 500 型万用表为例，“R×1”挡的中心阻值是 10 Ω，它的 20 倍为 200 Ω，在这个数值以下可以清楚地读数，再大就不准确了，必须另选合适的量程。

测电阻时，用指针在电阻刻度盘的指示值乘以倍率即为被测电阻的阻值。例如，指针指在电阻刻度盘上的数值是 38，其倍率挡为 R×100，则所测电阻的阻值为 38×100＝3 800 Ω。

用指针式万用表测电阻时的注意事项见表 3-4。

表 3-4　　用指针式万用表测电阻时的注意事项

注意事项	原因
每换一次倍率挡进行一次欧姆调零	如果不调零会导致测量结果不准确
不允许带电测量电阻	因为测量电阻的欧姆挡是由表内干电池供电的，带电测量相当于外加一个电压，不但会使测量结果不准确，而且有可能烧坏表头
不允许用万用表的电阻挡直接测量微安表表头和检流计等的内阻	表内 1.5 V 电池产生的电流将烧坏微安表表头
不准用两只手捏住表笔的金属部分测电阻	会将身体的电阻并接在被测电阻上，导致测量误差
测量完毕，应将转换开关旋至交流电压最高挡或空挡	防止转换开关在欧姆挡时表笔短接而长期消耗电池，以及防止在下次测量时忘记换挡就去测量电压而将表头烧坏
长期不用应取出电池	防止电池漏液腐蚀万用表

（3）测量电压或电流。测量电压或电流时属于带电测量，要注意测量物理量的种类和量程的选择，根据被测对象将转换开关旋至所需要的位置。例如，测量380 V交流电压，就可选用“$\underset{\sim}{V}$”区间的500 V挡；若测量6 V直流电压，可选用“$\underline{V}$”区间的10 V挡；若测量30 mA的直流电流，可选用“$\underline{mA}$”区间的50 mA挡。

用指针式万用表测量电压和电流时的注意事项见表3–5。

表3–5　用指针式万用表测量电压或电流时的注意事项

注意事项	原因
测量时，不要用手触摸表笔的金属部分	避免人身触电
测量高压或大电流时，不能在测量时旋动转换开关	避免转换开关的触头产生电弧而损坏开关
注意被测量的极性	避免指针反转而损坏仪表的指针
当不能估计电压或电流有多大时，应先选择最大量程，然后再根据测量实际情况向低量程转换	避免小量程测大电流毁坏万用表
测量完毕后，需将转换开关置于交流电压最高挡或空挡	防止转换开关在欧姆挡时表笔短接而长期消耗电池，以及下次测量时忘记换挡就去测量电压而将电表烧坏

2. 数字式万用表

数字式万用表现已被广泛使用，型号更新较快，但功能都相差不多，现以常用的DT–830B型数字式万用表（见图3–15）为例，说明其使用方法。

（1）面板介绍。DT–830B型数字式万用表面板各组成部分功能见表3–6。

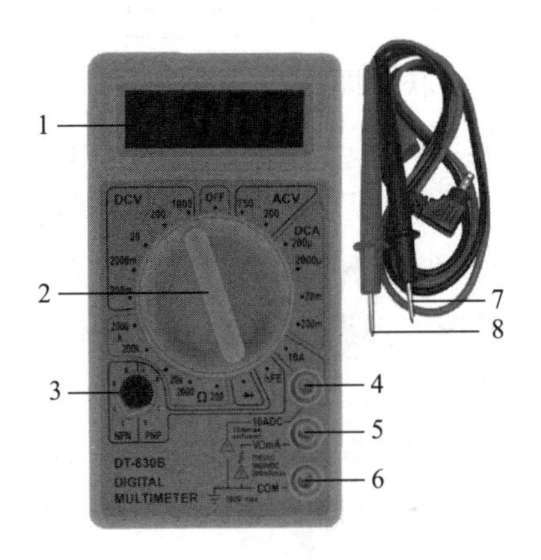

图 3-15　DT-830B 型数字式万用表

1—显示屏　2—转换开关　3—三极管测量插口　4—10 A 直流电流插口

5—红表笔插口　6—黑表笔插口　7—黑表笔　8—红表笔

表 3-6　　DT-830B 型数字式万用表面板各组成部分功能

面板组成部分名称	功能说明
显示屏	显示测量数据，并有自动调零及极性自动显示功能
转换开关	开关周围用不同的颜色的分界线标出不同功能和量程，以满足不同的测量种类和量程
三极管测量插口	测试半导体三极管的专用插口。测试时，将三极管的三个管脚插入对应的 E、B、C 孔内即可
10 A 直流电流插口	在对应的插孔间所测量的电流值不能超过 10A
红表笔插口	测交流电压不能超过 750 V，测直流电压不能超过 1 000 V
黑表笔插口	黑表笔始终插在“COM”孔内

（2）DT-830B 型数字式万用表的使用方法

1）电压测量。将黑表笔插入 COM 插孔，红表笔插入“V Ω”

插孔内，根据直流或交流电压合理选择量程；再把 DT-830B 型数字式万用表与被测电路并联，即可进行测量。注意，不同的量程，测量精度也不同。例如，测量一节 1.5 V 的干电池，分别用“2 V”“20 V”“200 V”“1 000 V”挡测量，其测量值分别为 1.552 V、1.55 V、1.6 V、2 V，所以不能用高量程挡去测低电压。

2）直流电流测量。将黑表笔插入 COM 插孔，红表笔插入“mA”或“10 A”插孔（根据测量值的大小），合理选择量程，把 DT-830B 型数字式万用表串联接入被测电路，即可进行测量。

3）电阻测量。将红表笔插入“V Ω”孔，黑表笔插入 COM 插孔，合理选择欧姆挡量程，即可进行测量。

（3）数字式万用表使用时的注意事项

1）仪表的使用或存放应避免高温（>40 ℃）、低温（<0 ℃）、阳光直射、高湿度及强烈振动等环境。

2）交流电压挡只能直接测量低频（小于 500 Hz）的正弦波信号。

3）测量晶体管 h_{FE} 值时，由于数字式万用表的工作电压仅为 2.8 V，且未考虑 U_{BE} 的影响，因此，其测量值偏高，只能是一个近似值。

4）在使用各电阻挡、二极管挡、通断挡时，红表笔接“V Ω”插孔（带正电），黑表笔接“COM”插孔。这与模拟式万用表在各电阻挡时的表笔带电极性恰好相反，使用时应特别注意。

5）测量完毕，应立即关闭电源开关（OFF）。若长期不用，应取出电池，以免电池漏液腐蚀万用表。

二、钳形电流表

电工工作中，常常需要测量用电设备、电力导线的负荷电流值。通常在测量电流时，需将被测电路断开，将电流表或电流互感器的原边串接到电路中进行测量。为了在不断开电路的情况下测量电流，就需要使用钳形电流表，它是测量交流电流的专用电工仪表。它的最大特点是能够在线路不停电的情况下直接测量电流，并且携带使用简单方便，所以在电工工作中得到广泛应用。钳形电流表只限于被测线路电压不超过 500 V 的情况下使用。

1. 钳形电流表结构和类型

根据工作原理，钳形电流表可分为磁电式和电磁式两类。其中测量工频交流电的是磁电式，而电磁式为交、直流两用式。磁电式钳形电流表主要由一个特殊电流互感器、一个整流磁电系电流表及内部线路等组成。

根据读数方式，钳形电流表可以分为指针式和数字式，指针式钳形电流表外形与结构如图 3-16 所示；数字式钳形电流表如图 3-17 所示。

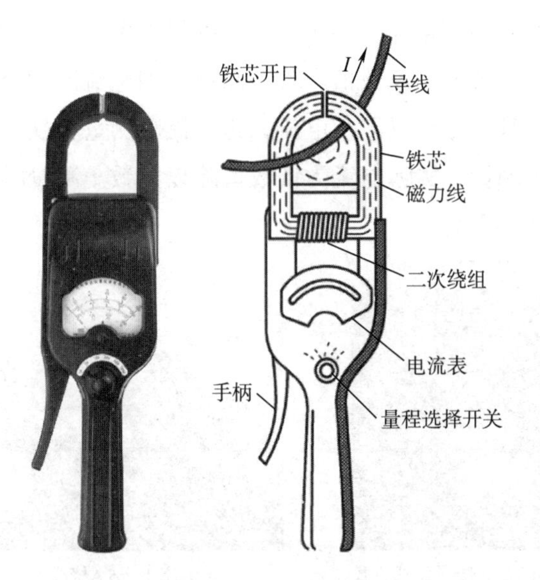

图 3-16　指针式钳形电流表外形与结构

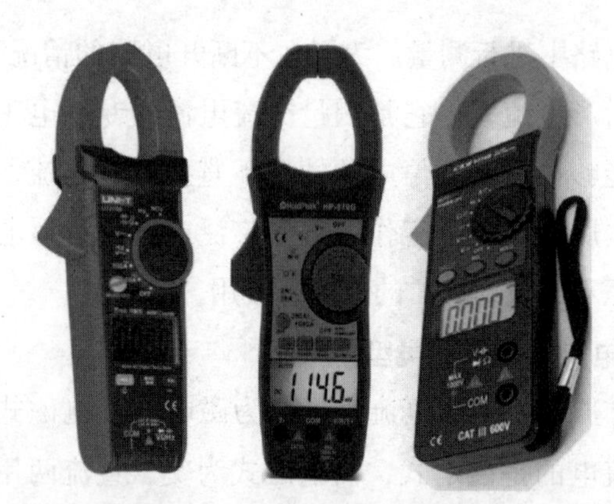

图3-17　数字式钳形电流表

2. 钳形电流表的使用方法

（1）根据被测电流的种类、电压等级正确选择钳形电流表。

（2）检查钳形电流表的外观情况、钳口闭合情况及表头情况等是否正常。若指针不在零位，应进行机械调零。

（3）根据被测电流大小选择合适的钳形电流表的量程。选择的量程应稍大于被测电流数值。若不知道被测电流的大小，应先选用最大量程。对于5 A以下小电流，为了提高测量精度，可在钳口内多绕几匝再测量，实际电流为读数值除以匝数。测量时钳口绕线方式如图3-18所示。

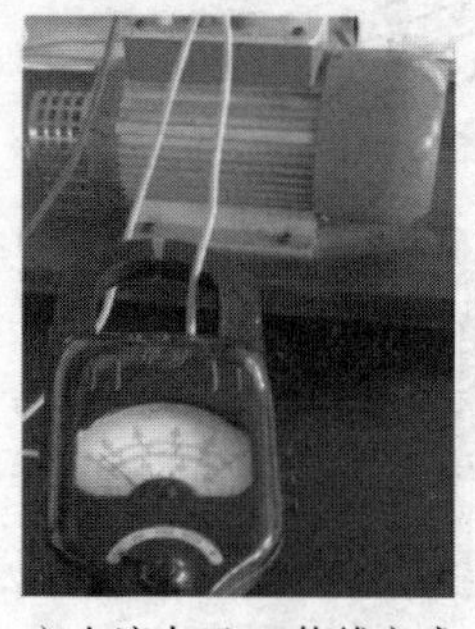

a）电流大于5 A绕线方式

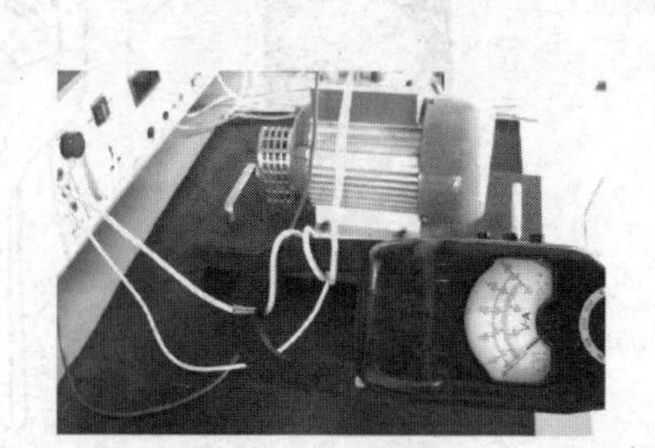

b）电流小于5 A绕线方式

图3-18　测量时钳口绕线方式

（4）正确测量。测量时，应按紧手柄，使钳口张开，将被测导线放入钳口中央，松开手柄并使钳口闭合紧密。

（5）读数后，将钳口张开，退出被测导线，将挡位置于电流最高挡或 OFF 挡。

三、兆欧表

兆欧表又称绝缘电阻表，是一种测量绝缘电阻的仪表，由于这种仪表的阻值单位通常为兆欧，所以常称兆欧表。兆欧表主要用来测量电气设备和电气线路的绝缘电阻。有些万用表也可以测量兆欧级的电阻，但万用表本身提供的电压低，无法测量高压下电气设备的绝缘电阻。如有些设备在低压下绝缘电阻很大，但电压升高，绝缘电阻很小，漏电很严重，容易造成触电事故。

根据工作和显示方式不同，兆欧表通常可分为三类：摇表、指针式兆欧表和数字式兆欧表。

1. 摇表的使用方法

（1）使用前的准备工作

1）接测量线。摇表有三个接线端：L 端（线路测试端）、E 端（接地端）和 G 端（防护屏蔽端）。如图 3-19 所示，在使用前将三根测试线分别接在摇表的这三个接线端上。一般情况下，只需给 L 端和 E 端接测试线，G 端可不使用。

2）进行开路试验。将 L、E 两端开路，然后转动摇表的手柄，使转速达到额定转速（120 r/min 左右），这时表针应指到“∞”处，如图 3-20a 所示。若不能指到该位置，则说明摇表有故障。

3）进行短路试验。将 L、E 两端短接，缓慢转动摇表的手柄，观看摇表指针应能指到“0”处，如图 3-20b 所示。若开路和短路试验都正常，就可以开始用摇表进行测量了。

（2）测量步骤。使用摇表测量电气设备绝缘电阻，一般按以下

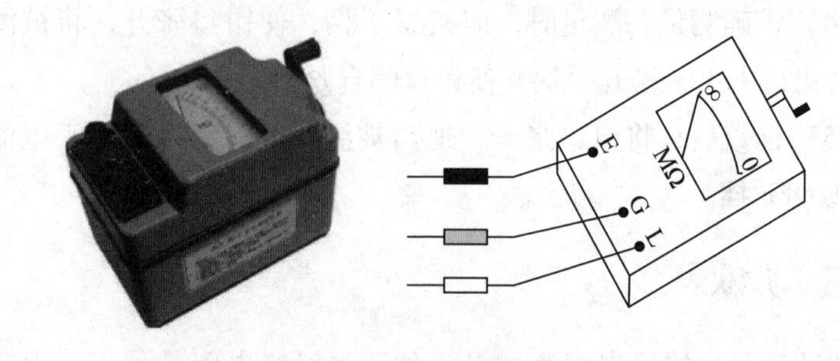

图 3-19　摇表的接线端

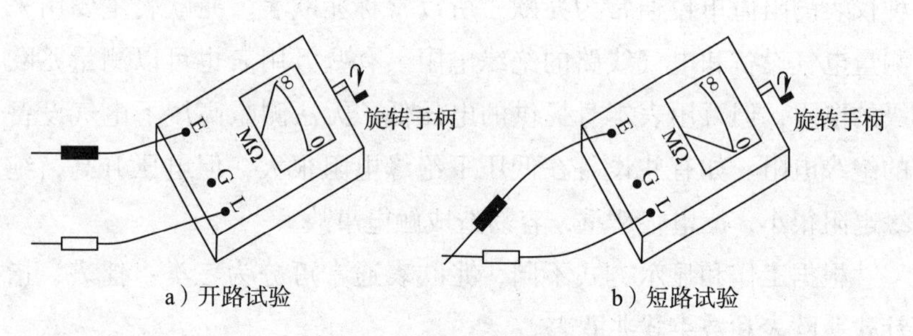

图 3-20　摇表测量前的试验

步骤进行。

1）根据被测设备额定电压大小来选择相应额定电压的摇表。用摇表测量时，内部发电机会产生电压，但并不是所有的兆欧表产生的电压都相同，如 ZC25-3 型摇表产生 500 V 电压，而 ZC25-4 型摇表能产生 1 000 V 电压。选择摇表时，要注意其额定电压要比待测电气设备的额定电压高，例如额定电压为 380 V 及以下的被测电气设备，可选用额定电压为 500 V 的摇表来测量。

2）测量并读数。在测量时，切断被测设备的电源，将 L 端与被测设备的导体部分连接，E 端与被测设备的外壳或其他与之绝缘的导体连接，然后转动摇表的手柄，让转速保持在 120 r/min 左右（允许有 20%的转速误差），待表针稳定后读数。

2. 指针式兆欧表的使用方法

指针式兆欧表与普通兆欧表一样，都是采用指针来指示绝缘电阻的大小，但指针式兆欧表内部采用升压电路，将几伏至十几伏的电压升高到几百伏至几千伏，不需要发电机，因此小巧轻便。另外，有些指针式兆欧表内部可以产生多种测试高压，可以测量不同额定电压电气设备的绝缘电阻。指针式兆欧表种类较多，如图 3-21 所示，为几种常用的指针式兆欧表。

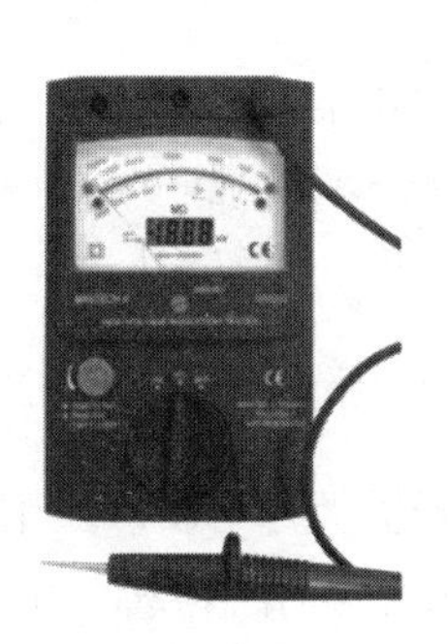
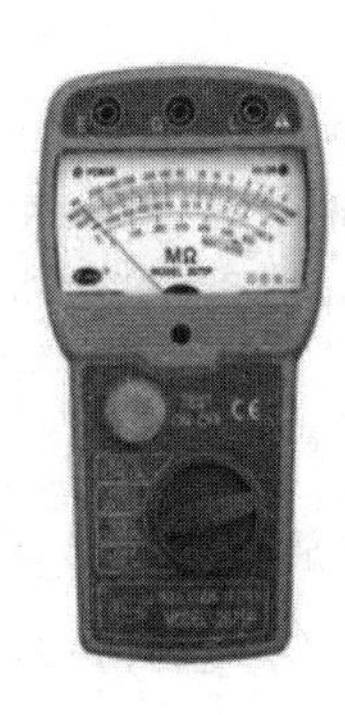

图 3-21　几种常用的指针式兆欧表

不同型号指针式兆欧表的使用方法大同小异，下面以 MS5202 型指针式兆欧表为例来说明。MS5202 型指针式兆欧表是一种便携式、专业测量仪器，适用于工业装置如电缆、变压器、发电机、开关等维护和维修时的高压绝缘测试。MS5202 型指针式兆欧表的面板如图 3-22 所示。

（1）测量前的准备工作

1）安装并检验电池。将功能开关置于“OFF”位置，打开电池盖，安装 8 节 1.5 V 电池，安装好后，再按下测量按钮。如指针指在刻度盘“BATT. OK”刻度范围，说明电池是好的，否则说明电池已不能使用，应及时更换，以免影响绝缘电阻的测量精度，并避免

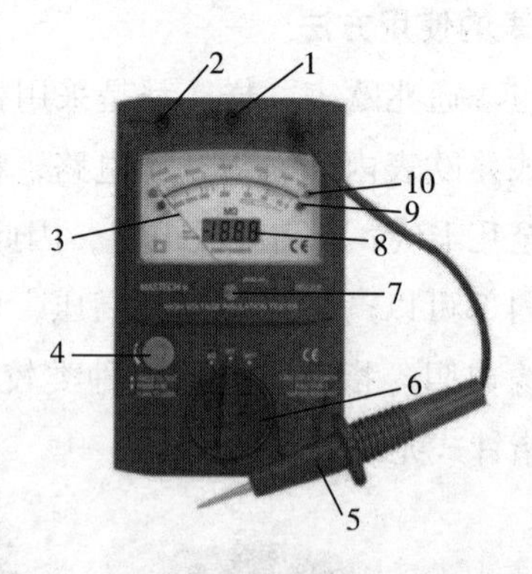

图 3-22　MS5202 型指针式兆欧表面板

1—防护端　2—接地端　3—指针　4—测量按钮　5—测试线探针　6—功能开关　7—调零器　8—LCD 显示器　9—红色指示灯　10—绿色指示灯

电池产生漏液损坏仪表。

2）调零。将仪表水平放置，并将功能开关置于“OFF”位置，观察指针是否指在刻度线“0”位置，若未指在“0”位置，可用旋具调节调零器，将指针调到“0”处。

3）安插测量线。在仪表的 L 端、G 端和 E 端分别安插各自的测量线，一般情况下，G 端可不用。

（2）测量步骤

1）将功能开关置于“OFF”位置。

2）切断被测电气设备的电源，将仪表的 E 端测量线与被测物的接地端或相关部位连接起来，并确保连接良好。

3）将功能开关置于“MΩ”位置。

4）将 L 端测试线探针接触在被测电气设备的导体部位上，按下测量按钮。

5）标度盘上的指示灯会发光，当绿色指示灯亮时，在绿色刻度线上读数；当红色指示灯亮时，在红色刻度线上读数。另外在数字显示器上会显示出仪表的测试电压值。

6）测量完成后，松开测量按钮，并等待几秒钟再将测试线探针从被测物上移开，释放被测电气设备上可能存储的电荷。由于测量时仪表内部功耗较大（电流达 150 mA），所以一般情况下测量时间不要太长，即按下测量按钮时间不要太长。若需要连续一段时间测量被测物，可按下测量按钮并顺时针旋转到“LOCK”位置，测量按钮被锁住，不能弹起。需要停止测量时，只要逆时针旋转测量按钮至弹起即可。

3. 数字式兆欧表的使用方法

数字式兆欧表是以数字显示的形式直观显示被测绝缘电阻的大小，它与指针式兆欧表一样，测试高压都是由内部升压电路产生的。数字式兆欧表种类很多，使用方法基本相同，几种常见的数字式兆欧表如图 3-23 所示。

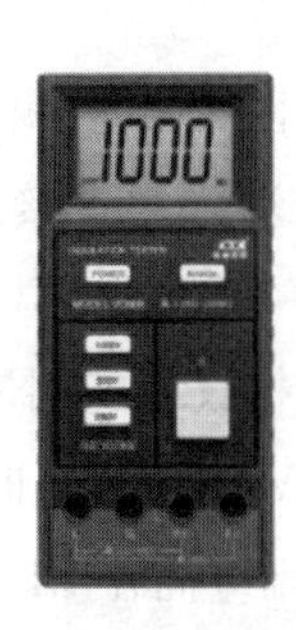
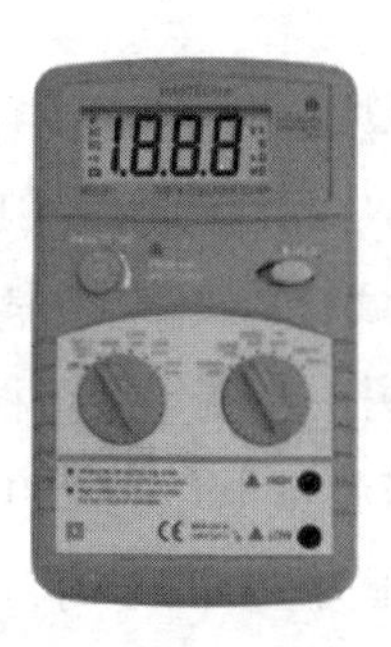
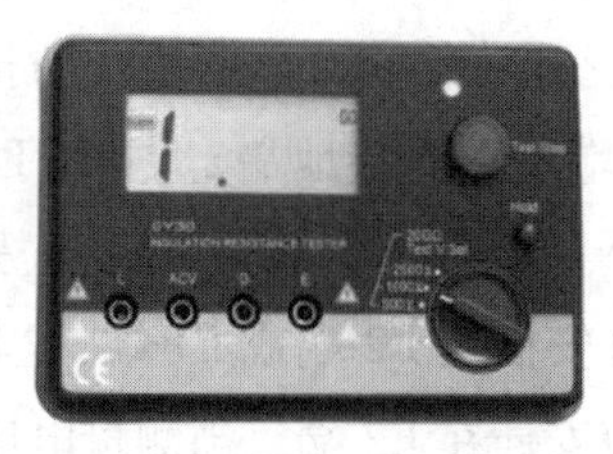

图 3-23 几种常见的数字式兆欧表

下面以 VC60B 型数字式兆欧表为例来说明。VC60B 型数字式兆欧表是一种轻便、量程广、性能稳定，且能自动关机的测量仪器，其内部采用电压变换器，可以将 9 V 的直流电压变换成 250 V/500 V/1 000 V 的直流电压，因此可以测量多种不同额定电压下的电气设备的绝缘电阻。VC60B 型数字式兆欧表的面板如图 3-24 所示。

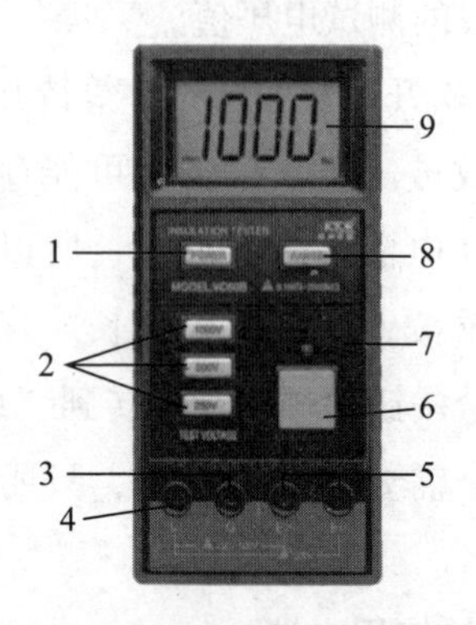

图3-24　VC60B型数字式兆欧表的面板

1—电源开关　2—电压选择开关　3—屏蔽端　4—接被测线路端

5—接被测对象的地端插孔　6—测量按键　7—高压提示LED灯

8—量程选择开关　9—LCD显示器

（1）测量前的准备工作

1）安装9 V电池。

2）安插测量线。VC60B型数字式兆欧表有四个测量线插孔：L端（线路测试端）、G端（防护或屏蔽端）、E1端（第1接地端）和E2端（第2接地端）。先在L端和G端各安插一条测量线（一般情况下G端可不安插测量线），另一条测量线可根据仪表的测量电压来选择安插在E2端或E1端，当测量电压为250 V或500 V时，测量线应安插在E2端，当测量电压为1 000 V时，则应插在E1端。

（2）测量步骤

1）按下“POWER”（电源）开关。

2）选择测试电压。根据被测设备的额定电压，按下1 000 V、500 V或250 V中的某一开关来选择测试电压，如被测设备用在380 V电压中，可按下500 V开关，显示器左下角会显示“500 V”字样，这时仪表会输出500 V的测试电压。

3）选择量程范围。操作“RANGE”（量程选择）开关，可以选择不同的阻值测量范围，如测试电压为500 V，按下“RANGE”开关时，仪表可测量50~1 000 MΩ范围内的绝缘电阻；“RANGE”开关处于弹起状态时，可测量0.1~50 MΩ范围内的绝缘电阻。

4）接线。将仪表的L端接至被测线路，E2端或E1端测量线的探针与被测对象地端连接。

5）按下“PUSH”键进行测量。测量过程中，不要松开“PUSH”键，此时显示器的数值会有变化，待稳定后开始读数。

6）读数。读数时要注意，显示器左下角为当前的测试电压，中间为测量的阻值，右下角为阻值的单位。读数完毕，松开“PUSH”键。在测量时，如显示器显示“1”，表示测量值超出量程，可换高量程挡（即按下“RANGE”开关）重新测量。

四、电能表

电能表就是通常所说的电度表，又叫千瓦小时表，是测量电能的仪表。电能表有单相电能表和三相电能表两种，分别用在单相和三相交流电路中。

1. 单相电能表

（1）单相电能表的结构、种类及规格。电能表由电流线圈、电压线圈及铁芯、转盘（铝盘）、转轴、轴承和数字盘等组成。电流线圈串联于电路中，电压线圈并联于电路中。在用电设备开始消耗电能时，电压线圈和电流线圈产生主磁通穿过铝盘，在铝盘上感应出涡流并产生转矩，使铝盘转动，带动计数器计算耗电的多少。

单相电能表可以分为感应式单相电能表和电子式电能表两种。目前，家庭大多数用的是感应式单相电能表。感应式单相电能表有十几种型号，但使用的方法及工作原理基本相同。其常用额定电流有2.5 A、5 A、10 A、15 A和20 A等规格。常见单相电能表有DD系列，如图3-25所示。

图 3-25　DD 系列单相电能表

（2）单相电能表的接线。单相电能表共有 4 个接线端子，从左到右按 1、2、3、4 编号。接线时 1、3 接电源进线，2、4 接负载，如图 3-26 所示。

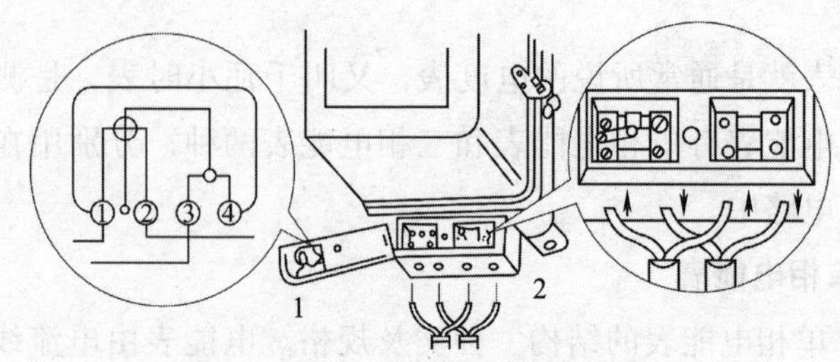

图 3-26　单相电能表的接线
1—接线端子盖　2—接线

2. 三相电能表

（1）三相电能表的型号和规格。三相有功电能表分为三相四线制和三相三线制两种。常用的三相四线制有功电能表有 DT 系列。常用三相三线制有功电能表有 DS 系列。

三相四线制有功电能表的额定电压一般为 220 V，三相三线制有功电能表的额定电压（线电压）一般为 380 V，额定电流有 1.5 A、3 A、5 A、6 A、10 A、15 A、20 A、25 A、30 A、40 A、60 A 等数种，其中额定电流为 5 A 的可经电流互感器接入电路。常见三相电能表如图 3-27 所示。

图 3-27　常见三相电能表

（2）三相电能表的接线

1）直接式三相四线制电能表的接线。直接式三相四线制电能表共有 11 个接线桩头，从左至右按 1 到 11 顺序编号，其中 1、4、7 是电源相线的进线端子，用来连接从总熔丝盒下引出来的 3 根相线；3、6、9 是相线的出线端子，分别接总开关的 3 个进线端子；10、11 是电源中性线的进线端子和出线端子；2、5、8 为三个电压线圈接线端子，通过连接片分别接入电能表三个电压线圈。如图 3-28 所示为三相四线制电能表接线盒，其中的连接片不可拆卸。

2）直接式三相三线制电能表的接线。直接式三相三线制电能表共有 8 个接线端子，其中 1、4、6 是电源相线进线端子；3、5、8 是相线出线端子；2、7 两个接线端子可空着，如图 3-29 所示。

3. 电能表安装时的注意事项

（1）电能表总线必须采用铜芯塑料绝缘硬导线，其最小截面积不得小于 1.5 mm^2，中间不准有接头，从总熔丝盒至电能表之间沿线敷设长度不宜超过 10 m。

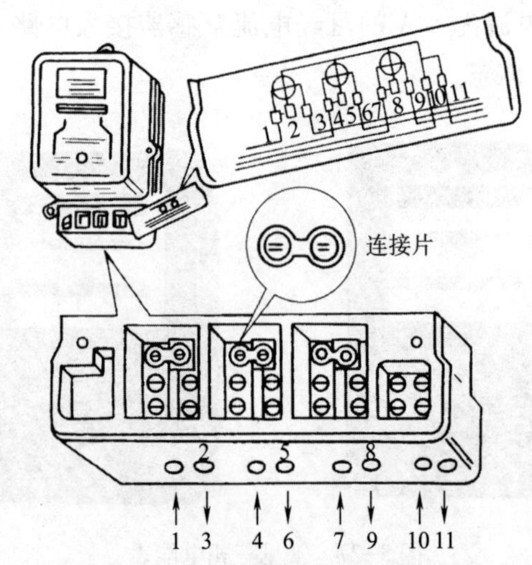

图 3-28　三相四线制电能表接线盒

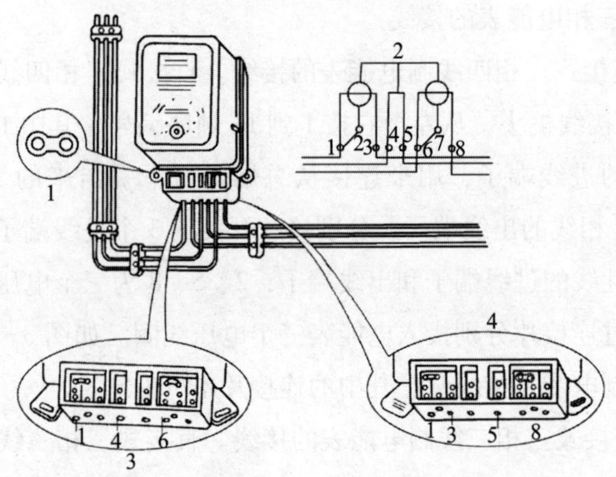

图 3-29　直接式三相三线制电能表的接线

1—连接片　2—接线图　3—进线的连接　4—出线的连接

（2）电能表总线必须用明线敷设，采用线管安装时，线管也必须明装。在进入电能表时，一般按“左进右出”的原则接线。

（3）电能表必须垂直于地面安装，表的中心离地面的高度应为 1.4~1.5 m。

第4单元

电动机及其基本控制线路

模块1　单相异步电动机

培训目标

1. 了解单相异步电动机的结构、工作原理及应用；
2. 掌握单相异步电动机常见故障分析及检修方法。

电动机是将电能转换为机械能的一种常用设备，目前绝大多数生产机械都需要电动机驱动。电动机的种类很多，根据使用电源的性质，可分为直流电动机和交流电动机。交流电动机中常用的是异步电动机，包含单相异步电动机和三相异步电动机两类。

单相交流异步电动机是利用单相电源供电的一种小容量交流电动机。其结构简单、运行可靠、维修方便。特别是可以直接用220 V交流电源供电，所以得到广泛应用，例如风扇、洗衣机、冰箱、小型车床等都用到单相交流异步电动机。

一、单相异步电动机的结构和工作原理

1. 单相异步电动机的结构

单相异步电动机主要由定子和转子两部分组成，如图4-1所示。但因电动机使用场合不同，结构形式也有所不同。

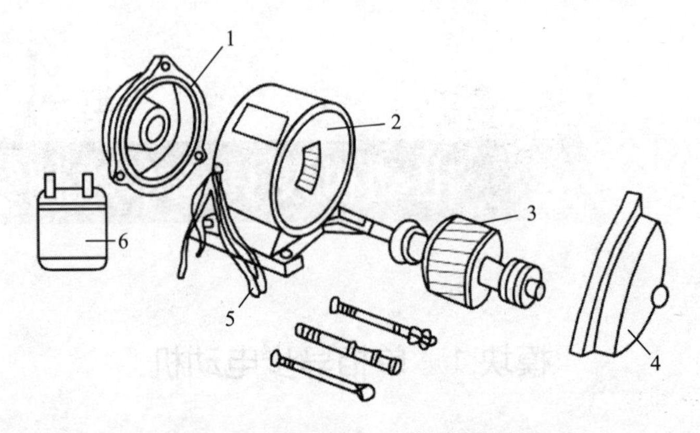

图 4-1　单相异步电动机的结构

1，4—端盖　2—定子　3—转子　5—电源接线　6—电容器

2. 单相异步电动机的工作原理

当单相交流电通入单相绕组时，在静止的转子上不能产生转动力矩，即单相异步电动机无启动转矩。为了使单相异步电动机接入电源后能产生启动转矩，通常在定子绕组上安装空间位置相差 90°电度角的两套绕组：一套是工作绕组（或称主绕组），长期接通电源工作；另一套绕组是启动绕组（或称副绕组）。在两套绕组中通入相位差 90°电角度的电流，单相异步电动机即可产生旋转磁场，从而在转子上产生启动转矩而自行启动。如果要改变单相异步电动机的旋转方向，可将任一绕组的两个接线端换接。

二、单相异步电动机的分类和应用

根据单相异步电动机启动方法和运行方法的不同，可将单相异步电动机分为电阻启动单相异步电动机、电容启动单相异步电动机、电容运行单相异步电动机、双值电容单相异步电动机和罩极式单相异步电动机等。

（1）电阻启动单相异步电动机。电阻启动单相异步电动机节约了启动电容，具有中等启动转矩，但启动电流较大，在电冰箱压缩机中得到广泛的应用。

（2）电容启动单相异步电动机。电容启动单相异步电动机具有较大启动转矩，但启动电流相应增大，适用于重载启动的机械，例如小型空压机、洗衣机、空调机等。

（3）电容运行单相异步电动机。电容运行单相异步电动机结构简单，使用维护方便，堵转电流小，有较高的效率和功率因数；但启动转矩较小，多用于电风扇、吸尘器等。台式电风扇的电容运行单相异步电动机结构如图 4-2 所示。

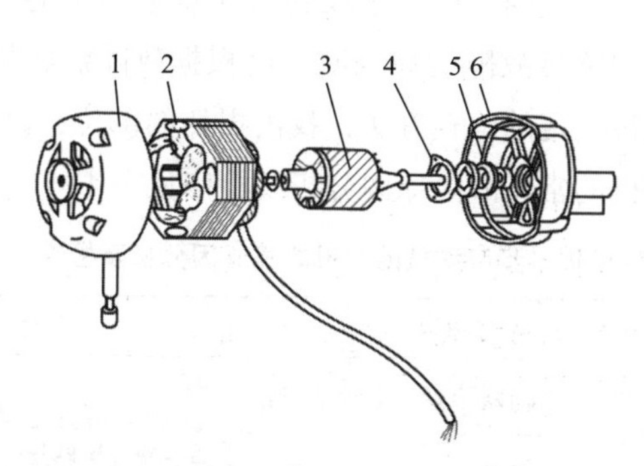

图 4-2　台式电风扇的电容运行单相异步电动机结构

1—前端盖　2—定子　3—转子　4—轴承盖　5—油毡圈　6—后端盖

（4）罩极式单相异步电动机。罩极式单相异步电动机的结构简单、制造方便、成本低、运行时噪声小、维护方便。按磁极形式不同可分为凸极式和隐极式两种，其中凸极式结构较为常见。主要用于小功率空载启动的场合，如计算机后面的散热风扇、各种仪表风扇等，其结构如图 4-3 所示。

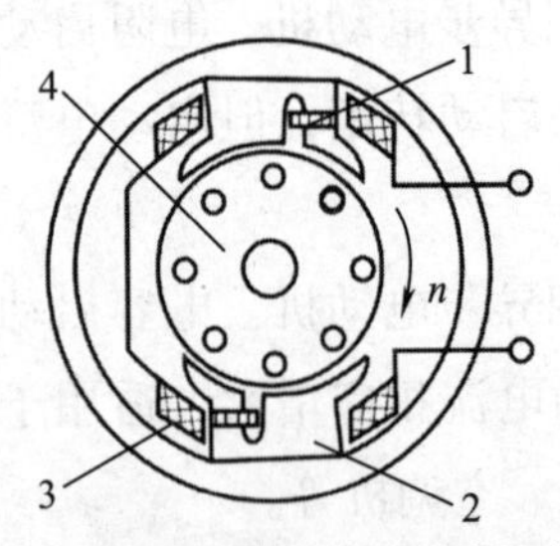

图 4-3　凸极式单相罩极电动机的结构

1—短路环　2—凸极式定子铁芯　3—定子绕组　4—转子

三、单相异步电动机常见故障及检修

可通过听、看、闻、摸等手段随时注意电动机的运行状态。分析单相电动机的常见故障的原因时，可根据故障症状推断故障的可能部位，并通过一定的检查方法，找出损坏的部位，以便排除故障。单相异步电动机的常见故障原因分析及检修见表 4-1。

表 4-1　　单相异步电动机的常见故障原因分析及检修

常见故障	故障原因	处理方法
不能启动	（1）通电即断熔丝，电动机可能有短路 （2）电源电压过低，造成启动转矩太小而无法启动 （3）电动机定子绕组断路 （4）电容器损坏或断开 （5）离心开关触头闭合不上 （6）转子卡住或过载，转子负载应能用手平滑转动	（1）拆开电动机，检查短路点，更换短路绕组 （2）改善电源电压 （3）检查电枢，查出并消除故障点 （4）更换电容器或更改接线 （5）调整或更换离心开关 （6）修复相擦位置或更换轴承
启动转矩很小、启动迟缓且转向不定	（1）离心开关触头接触不良 （2）电容器容量减小	（1）调整或更换离心开关 （2）更换电容

续表

常见故障	故障原因	处理方法
电动机转速低于正常值	（1）电源电压偏低 （2）绕组个别匝间短路 （3）离心开关触头无法断开，启动绕组未切断。正常运行时，启动绕组磁场干预工作绕组磁场 （4）电动机负载过大	（1）改善电源条件 （2）修复绕组 （3）修复或更换离心开关 （4）减小负载
电动机过热	（1）工作绕组或电容运行电动机的启动绕组个别匝间短路或接地 （2）启动电动机的工作绕组与启动绕组相互接错 （3）启动电动机离心开关触头无法断开，启动绕组长期运行而发热	（1）修复短路绕组 （2）改正错接线 （3）修复或更换离心开关
电动机转动时噪声或振动大	（1）绕组短路或接地 （2）轴承损坏或缺少润滑油 （3）定子与转子空隙中有杂物 （4）电动机的风扇风叶变形、不平衡 （5）电动机固定不良或负载不平衡	（1）修复短路点 （2）修复或更换轴承，或补充润滑油 （3）清除杂物 （4）修复风扇风叶 （5）紧固电动机或平衡负载

模块 2　三相异步电动机

培训目标

1. 熟悉三相异步电动机的结构、参数；

2. 掌握三相异步电动机使用、维护及故障排除。

一、三相异步电动机的结构

电动机是将电能转换为机械能的设备，图 4-4 所示为常用的三相笼形异步电动机外形，其结构如图 4-5 所示，它主要由定子和转子两大部分组成。

图 4-4　三相笼形异步电动机外形

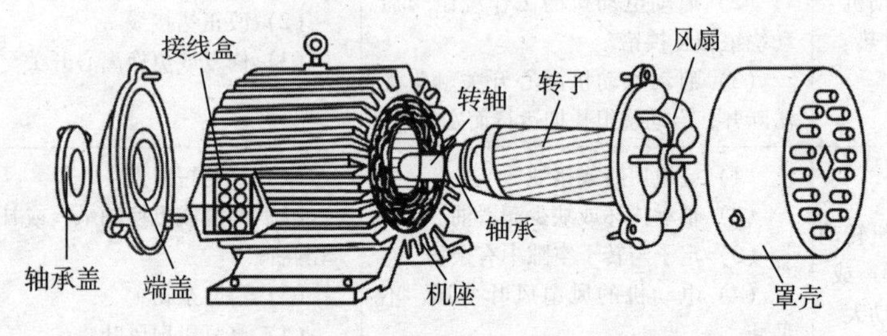

图 4-5　三相笼形异步电动机的结构

1. 定子

定子是电动机的静止部分，主要由定子铁芯、定子绕组和机座等组成。

（1）定子铁芯。定子铁芯是电动机磁路的一部分，同时用于嵌放定子绕组。它由表面涂有绝缘漆的硅钢片叠装而成，在铁芯硅钢片的内圆上冲有均匀分布的槽，用以嵌放定子绕组。铁芯冲片的形状如图 4-6a 所示。

（2）定子绕组。定子绕组的作用是产生旋转磁场，它由嵌放在定子铁芯槽内的三个独立的对称绕组组成，三个绕组的首端分别用 U1、V1、W1 表示，对应的三个尾端分别用 U2、V2、W2 表示。六个出线端分别接到机座外侧接线盒的六个接线端子上，可按需要将三相绕组接成星形（Y形）或三角形（△形），如图 4-7 所示。

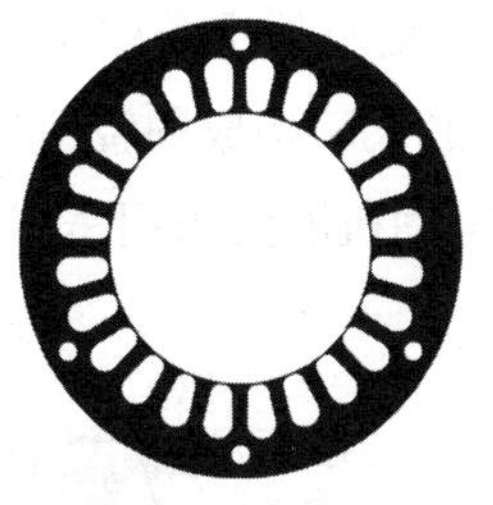

a）定子铁芯冲片

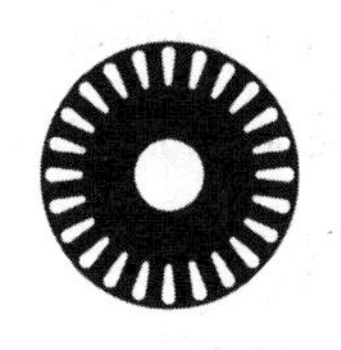

b）转子铁芯冲片

图 4-6　铁芯冲片

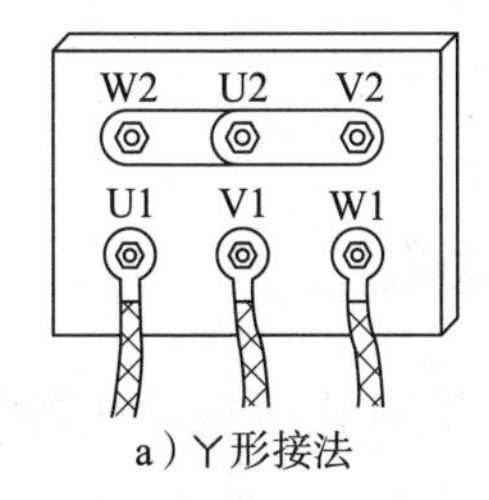

a）Y形接法

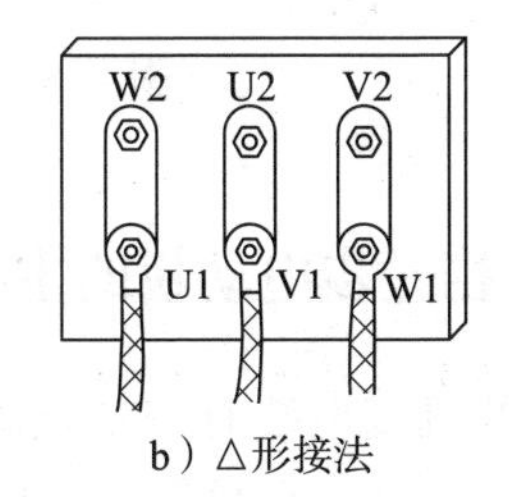

b）△形接法

图 4-7　定子接线盒中的连线方式

（3）机座。机座的作用是固定定子铁芯，并以两个端盖支撑转子，同时保护电动机的电磁部分并散发电动机运行过程中产生的热量。

2. 转子

转子是电动机的旋转部分，由转子铁芯、转子绕组、转轴等部分组成。

（1）转子铁芯。转子铁芯也是电动机磁路的一部分，一般用 0.5 mm 的硅钢片叠装而成，硅钢片的外圆冲有均匀分布的槽，用以放置转子绕组，如图 4-6b 所示。转子铁芯固定在转轴或转子支架上。

（2）转子绕组。转子绕组的作用是产生电磁转矩使转子转动，有笼型和绕线型两种结构形式。笼型转子绕组是在转子铁芯槽内嵌放铜条，并在铁芯两端各用一个铜环把每根铜条焊接起来，自成闭合回路，如图 4-8a 所示。由于铜条和端环构成的绕组形状像一个笼子，故称为笼型转子。中小型异步电动机通常采用铸铝的笼型转子，如图 4-8b 所示。

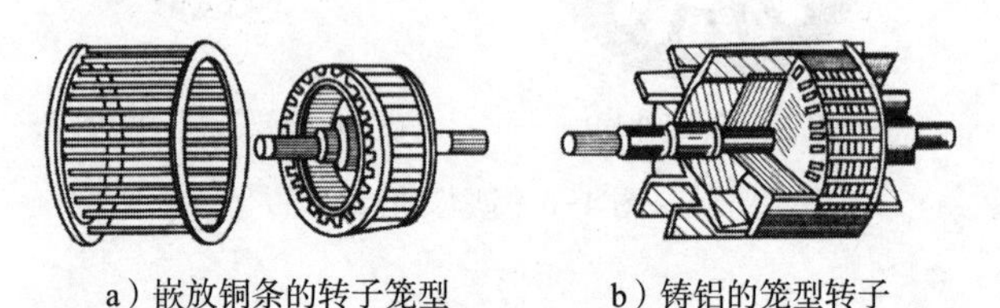

a）嵌放铜条的转子笼型　　b）铸铝的笼型转子

图 4-8　笼型转子

二、三相异步电动机的主要参数

电动机的机座上装有一块铭牌，它标出了电动机的各种性能参数和连接方法。某三相异步电动机的铭牌如图 4-9 所示。

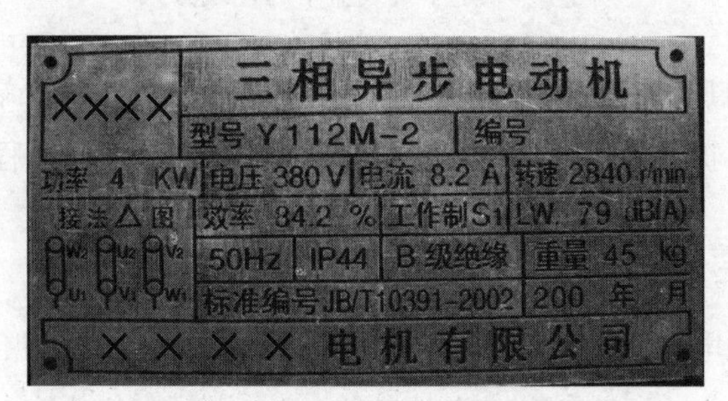

图 4-9　三相异步电动机的铭牌

1. 型号

目前广泛应用的国产 Y 系列三相异步电动机的型号及含义如下：

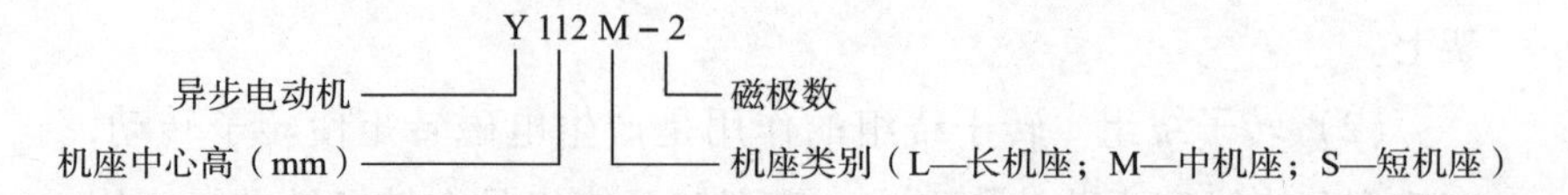

2. 额定功率

电动机在额定工作状态下，即在额定电压、额定电流和规定冷却条件下运行时，转轴上输出的机械功率，单位为 kW 或 W。

3. 额定电压

电动机在额定工作状态下运行时，定子绕组规定使用的电源线电压，单位为 V 或 kV。

4. 额定电流

电动机在额定工作状态下运行时，定子电路输入的线电流，单位为 A。

5. 额定转速

电动机在额定工作状态下运行时的转速，单位为 r/min。

6. 接法

电动机定子绕组的连接方式，小容量电动机（3 kW 以下）多采用 Y 形接法，容量较大的电动机（4 kW 以上）采用△形接法。

7. 功率因数

是指电动机在额定状态下运行时，输入的有功功率与视在功率的比值。

8. 绝缘等级

指电动机所用绝缘材料的耐热等级，通常分为 Y、A、E、B、F、H、C 七个等级。

9. 工作方式

电动机的工作方式分为连续（代号为 S1）、短时（代号为 S2）和断续（代号为 S3）三种。连续运行方式是指电动机在规定工作状况下可以连续不断地运行；短时运行方式是指电动机只能在限定的时间内短时运行，达到规定时间必须停止，待电动机冷却后才能再运行；断续运行是指电动机只能间歇地工作。

三、三相异步电动机的使用与维护

1. 启动前的检查

（1）检查电动机铭牌所标的电压、频率是否与使用的电源电压、频率相符，接法与铭牌所标是否相符。

（2）新电动机或长期不用的电动机，使用前应用兆欧表检查各相绕组间及各相绕组对地的绝缘电阻。

2. 运行中的巡查监视

（1）电压监视。电源电压与额定电压的偏差不应超过±5%，三相电压不平衡度不应超过1.5%。

（2）电流监视。用钳形表测量电动机的电流，对较大的电动机还要经常观察运行中电流是否三相平衡或超过允许值。如果三相严重不平衡或超过电动机的额定电流，应立即停机检查。

（3）机组转动监视。检查传动带连接处是否良好，传动带松紧是否合适，机组转动是否灵活，有无卡位、窜动及不正常的现象。

（4）温度监视。用手触及外壳，看电动机是否过热。

（5）响声、气味监视

检查是否有异常响声，是否有焦臭气味等。

四、三相异步电动机常见故障及检修

1. 通电后电动机不启动，但无异响，也无异味和冒烟

通电后电动机不启动，但无异响，也无异味和冒烟的故障原因和排除方法见表4-2。

2. 通电后电动机不转，然后熔丝熔断

通电后电动机不转，然后熔丝烧断的故障原因和排除方法见表4-3。

表 4-2　通电后电动机不启动，但无异响，也无异味和冒烟的故障原因和排除方法

故障原因	故障排除方法
电源未通（至少两相未通）	检查电源回路开关、熔丝、接线盒处是否有断点；修复断点
熔丝熔断（至少两相熔断）	检查熔丝型号，排除熔丝熔断原因；换新熔丝
过流继电器的整定值调得过小	调节继电器整定值与电动机配合
控制设备接线错误	改正接线

表 4-3　通电后电动机不转，然后熔丝熔断的故障原因和排除方法

故障原因	故障排除方法
缺一相电源，或定子绕组一相反接	检查刀开关是否有一相未合好，或电源回路有一相断线；消除反接故障
定子绕组相间短路	查出短路点，予以修复
定子绕组接地	消除接地
定子绕组接线错误	查出误接，予以更正
熔丝截面过小	更换熔丝
电源线短路或接地	消除短路或接地点

3. 通电后电动机不转，有“嗡嗡”声

通电后电动机不转，有“嗡嗡”声的故障原因和排除方法见表 4-4。

表 4-4　通电后电动机不转，有“嗡嗡”声的故障原因和排除方法

故障原因	故障排除方法
定、转子绕组有断路（一相断线）或电源一相失电	查明断点，予以修复
绕组引出线始末端接错或绕组内部接反	检查绕组极性，判断绕组末端是否正确

续表

故障原因	故障排除方法
电源回路接点松动，接触电阻大	紧固松动的接线螺钉，用万用表判断各接头是否假接，并予以紧固
电动机负载过大或转子卡住	减载或查出机械故障并消除
电源电压过低	检查是否把规定的△接法误接为Y接法；是否由于电源导线过细使压降过大，予以纠正
小型电动机装配太紧或轴承内油脂过硬	重新装配使之灵活；更换合格油脂
轴承卡住	修复轴承

4. 电动机运行时响声不正常，有异响

电动机运行时响声不正常，有异响的故障原因和排除方法见表 4-5。

表 4-5　电动机运行时响声不正常，有异响的故障原因和排除方法

故障原因	故障排除方法
转子与定子绝缘纸或槽楔相擦	修剪绝缘，削低槽楔
轴承磨损或润滑脂内有砂粒等异物	更换轴承或清洗轴承，并更换润滑脂
定子、转子铁芯松动	检修定子、转子铁芯
轴承缺油	加油润滑
风道填塞或风扇摩擦风罩	清理风道；重新安装风扇
定子、转子铁芯相摩擦	消除擦痕，必要时车削转子
电源电压过高或不平衡	检查并调整电源电压
定子绕组接错或短路	消除定子绕组故障

5. 轴承过热

轴承过热的故障原因和排除方法见表 4-6。

表 4-6　　轴承过热的故障原因和排除方法

故障原因	故障排除方法
润滑油脂过多或过少	按规定加润滑脂（容积的 1/3~2/3）
润滑油脂的油质不好，含有杂质	更换清洁的润滑油脂
轴承与轴颈或端盖配合不当（过松或过紧）	过松可用黏结剂修复，过紧应车、磨轴颈或端盖内孔，使之适合
轴承内孔偏心，与轴相擦	修理轴承盖，消除擦点
电动机端盖或轴承盖未装平	重新装配
电动机与负载间联轴器未校正，或传动带过紧	重新校正，调整传动带张力
轴承间隙过大或过小	更换新轴承
电动机轴弯曲	校正电动机轴或更换转子

6. 电动机过热甚至冒烟

电动机过热甚至冒烟故障的原因和排除方法见表 4-7。

表 4-7　　电动机过热甚至冒烟故障的原因和排除方法

故障原因	故障排除方法
电源电压过高，使铁芯发热增加	降低电源电压（如调整供电变压器分接头），若是Y、△接法错误引起，则应改正接法
电源电压过低，电动机又带额定负载运行，电流过大使绕组发热	提高电源电压或换更粗的绕组导线
修理拆除绕组时，采用热拆法不当，烧伤铁芯	检修铁芯，排除故障
定子、转子铁芯相擦	消除擦点（调整气隙或锉、车、磨转子）
电动机过载或频繁启动	减载，按规定次数控制启动
笼型转子断条	检查并修复断条
电动机缺相，两相运行	恢复三相运行

续表

故障原因	故障排除方法
重绕后定子绕组浸漆不充分	采用二次浸漆及真空浸漆工艺
环境温度高、电动机表面污垢多或通风道堵塞	清洗电动机，改善环境温度，采取降温措施
电动机风扇故障，通风不良；定子绕组故障（相间、匝间短路，定子绕组内部连接错误）	检查并修复风扇，必要时更换；检修定子绕组，消除故障

模块3 常用低压电器

培训目标

1. 熟悉常用低压电器的分类、结构及功能；
2. 掌握常用低压电器的使用方法。

一、低压电器的概念和分类

1. 低压电器的概念

低压电器是用于交流电压为1 200 V及以下、直流电压为1 500 V及以下的电路中，起通断、控制、调节、变换、检测或保护等作用的电器设备。

电力系统的负荷绝大部分是经低压供给的，电力用户的各种生产机械设备，大部分是采用低压供电的。在庞大的低压配电系统和低压用电系统中，需要大量的控制、保护用低压电器。低压电器是供电、用电企业中的重要设备，是保证配电网、生产设备安全可靠运行和人身安全的关键设备。

2. 低压电器的分类

（1）按用途和所控制的对象可分为配电电器和控制电器。

配电电器主要用于配电电路，如刀开关、断路器、熔断器等；控制电器主要用于控制受电设备，如接触器、继电器、按钮等。

（2）按动作性质可分为自动电器和手动电器。

自动电器指电器的接通、分断、启动、反向或停止等动作，是通过一套电磁机构操作完成的，只需输入电或非电的信号或其运行参数，便可自动完成所需的动作，如低压断路器、接触器、继电器等；手动电器是靠人力或通过杠杆直接扳动或旋转操作手柄来完成各种操作的，如刀开关、按钮、转换开关等。

二、常用低压电器

1. 刀开关与组合开关

（1）刀开关的功能。刀开关是一种结构最简单且应用最广泛的手动低压电器，可用做不频繁地接通和分断容量不大的低压供电线路，也可以用来直接启动小容量的电动机；其主要用途是作为电源隔离开关。

（2）刀开关类型。常用的刀开关有开启式负荷开关和封闭式负荷开关两种。

1）开启式负荷开关。开启式负荷开关在结构上由刀开关和熔断器两部分组成，外面罩上塑料外壳，作为绝缘和防护。开启式负荷开关有双刀和三刀两种，可用做单相和三相线路的电源隔离开关。

开启式负荷开关的主要缺点是动作速度慢，带负荷动作时容易产生电弧，安全性差，而且体积较大，现已普遍被断路器所取代。如果用三刀开关直接控制三相异步电动机不频繁地启动和停机，则电动机的功率一般不能超过 5. 5 kW。

2）封闭式负荷开关。封闭式负荷开关因其早期产品都有一个铸铁的外壳，所以也称为铁壳开关。如今这种外壳已被结构轻巧、强度更高的薄钢板冲压外壳所取代，有些负荷开关的外壳采用工程塑料制成。

封闭式负荷开关结构上有三个特点：一是装有储能作用的速断弹簧，提高了开关的动作速度和灭弧性能；二是设有箱盖和操作手柄的联锁装置，保证在开关合闸时不能打开箱盖，在箱盖打开时也不能合闸；三是有灭弧装置。因此与开启式负荷开关相比，铁壳开关更加安全，可用于分断较大的负荷，如在电力排灌、电热器和电气照明的配电设备中用于不频繁地接通和分断电路，也可以用于不频繁地直接启动三相异步电动机。封闭式负荷开关内也带有熔断器。

（3）组合开关。组合开关又称为转换开关，与前面介绍的两种开关不同的是，组合开关是用旋转手柄左右转动使开关动作的，且不带有熔断器；组合开关在转轴上也装有储能弹簧，使开关动作的速度与手柄旋转速度无关。组合开关的结构较紧凑，体积较小，便于装在电气控制面板上或控制箱内，一般用于不频繁地接通和分断小容量的用电设备和三相异步电动机。

常用刀开关与组合开关的结构和符号见表 4-8。

表 4-8　常用刀开关与组合开关的结构和符号

开关类型	实物图	结构图	符号
开启式负荷开关		接电源 手柄 横杆 夹钳（静夹座） 刀片（闸刀） 配电用熔断器 接负载	QS

续表

开关类型	实物图	结构图	符号
封闭式负荷开关			
组合开关			

2. 熔断器

（1）熔断器的功能。熔断器是一种使用广泛的短路保护电器。将熔断器串联在被保护的电路中，当电路发生过载或者短路而流过大电流时，由低熔点合金制成的熔体由于过热迅速熔断，从而在设备和线路被损坏前切断电路。不仅电动机控制电路采用熔断器作短路保护，一般照明电路及许多电器设备上都装有熔断器做短路保护。

（2）熔断器的结构、类型和符号。熔断器由熔体和绝缘底座组成，熔体材料一般有两种：一种由铅锡合金、锌等低熔点金属制成，不易灭弧，多用于小电流的电路；另一种由银铜等较高熔点的金属制成，易于灭弧，多用于大电流的电路。熔体按形状可分为丝状、片状、笼状（栅状）三种。熔断器按支架结构分为瓷插式、螺旋式、封闭管式三种，其中封闭管式又分为有填料和无填料两类。电动机控制电路上常用的熔断器有瓷插式和螺旋式两种。瓷插式和螺旋式熔断器的结构和符号见表 4-9。

表 4-9　　　　瓷插式和螺旋式熔断器的结构和符号

类型	实物图	结构图	符号
瓷插式		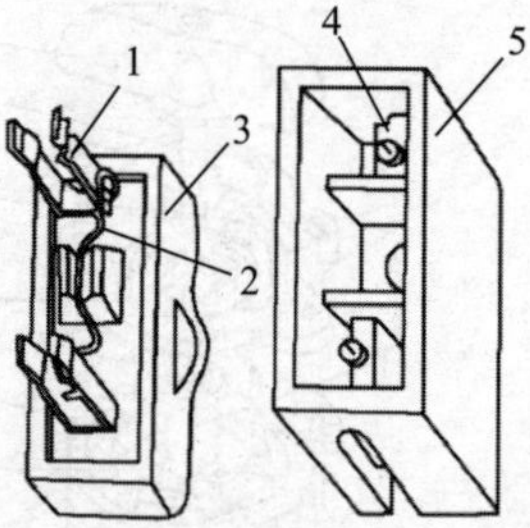 1—动触头 2—熔丝 3—瓷盖 4—静触头 5—瓷底座	FU
螺旋式		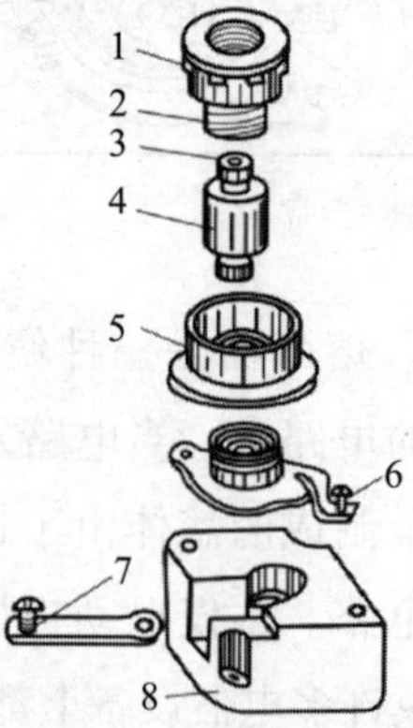 1—瓷帽 2—金属管 3—指示器 4—熔管 5—瓷套 6—上接线柱 7—下接线柱 8—瓷座	

（3）熔断器与熔体额定电流的选择。熔断器的额定电压和电流应不小于线路的额定电压和所装熔体的额定电流；熔断器型式根据线路要求和安装条件确定。熔体额定电流的选择见表 4-10。

表 4-10　　　　　　　　熔体额定电流的选择

选择项目	选择方法
电阻性负载（电炉和照明等）	熔体额定电流应稍大于或等于负载的额定电流
单台电动机	熔体额定电流大于等于电动机额定电流的 1.5～2.5 倍。当轻载启动、启动次数少、时间短或降压启动时，倍数取小值；当重载启动、启动频繁、启动时间长或全压启动时，倍数取大值
多台电动机	熔体额定电流大于等于最大电动机额定电流的 1.5～2.5 倍加其余电动机的计算负荷电流

3. 断路器

（1）断路器的功能。断路器又称自动空气开关或自动开关，是一种集控制和多种保护功能于一体的自动开关，如图 4-10 所示。断路器是低压配电网络和电力拖动系统中常用的一种配电电器。正常情况下，用于不频繁的接通和分断电路以及控制电动机运行。当电路中发生短路、过载和欠压等故障时，能自动切断故障电路，保护线路和电气设备。

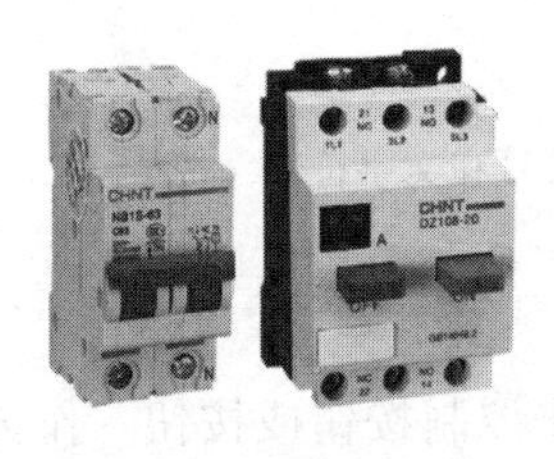

a）塑壳式

b）万能式

图 4-10　断路器

（2）断路器的结构、类型和符号。断路器由触点系统、灭弧装置、操作机构、各种脱扣器及外壳等组成。电磁脱扣器用于短路保护，欠电压脱扣器用于欠电压（零电压）保护，热脱扣器用于过载保护。DZ5-20 型低压断路器的结构如图 4-11 所示。

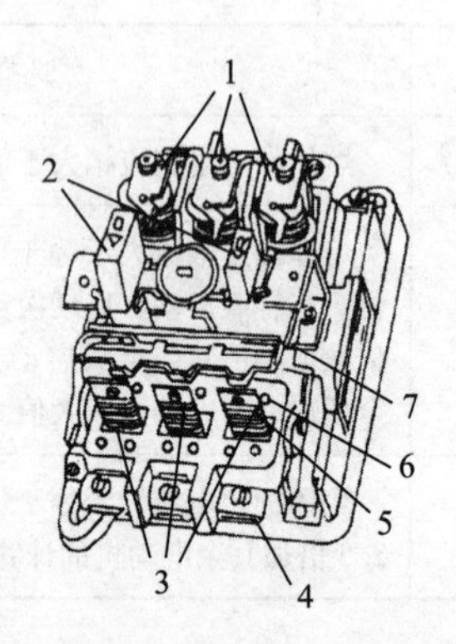

图 4-11　DZ5-20 型低压断路器的结构

1—电磁脱扣器　2—按钮　3—热脱扣器　4—接线桩

5—静触头　6—动触头　7—自由脱扣器

断路器的图形符号和文字符号如图 4-12 所示。

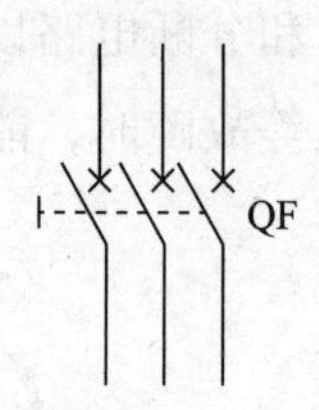

图 4-12　断路器的图形符号和文字符号

4. 按钮开关

（1）按钮的功能。按钮开关也称作控制按钮或按钮。作为一种典型的主令电器，按钮主要用于发出控制指令，接通和分断小电流控制电路。适用于交流电压 500 V 或直流电压 440 V，电流 5 A 以下的电路中。

（2）按钮的结构、分类和符号。按钮开关是一种手动电器，当按下按钮帽时，上面的动断触点先断开，下面的动合触点后闭合；当松开时，在复位弹簧作用下触点复位。按钮开关的种类很多，有单个的，也有两个或数个组合的；有不同触点类型和数目的；根据使用需要还有带指示灯的和旋钮式、钥匙式等，如图 4–13 所示。按照按钮触点的分合状态，有常开按钮、常闭按钮和复合按钮。复合按钮内部结构如图 4–14 所示。

图 4–13　按钮开关

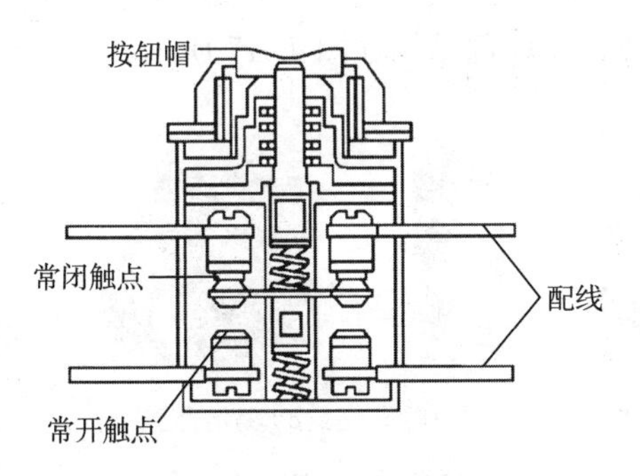

图 4–14　复合按钮内部结构

按钮的图形符号和文字符号如图 4–15 所示。

5. 热继电器

（1）热继电器的功能。继电器是一种根据外界输入的信号来控

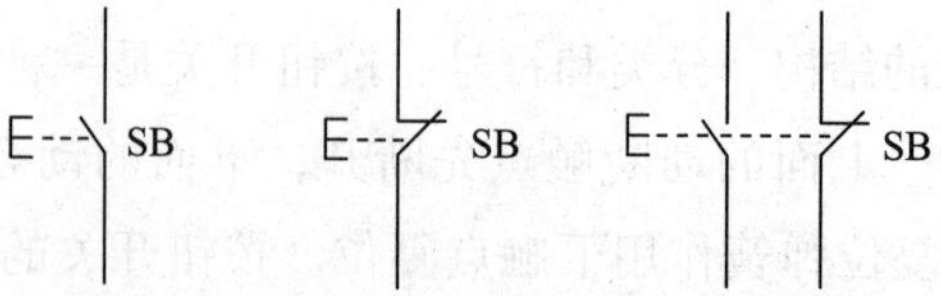

a）常开按钮　b）常闭按钮　c）复合按钮

图 4-15　按钮的图形符号和文字符号

制电路通断的自动切换电器。热继电器是继电器中的一种，主要用于电动机的过载保护、断相及电流不平衡运行的保护。热继电器是根据电动机过载保护需要而设计的，它利用电流热效应的原理，当热量积聚到一定程度时使触点动作，从而切断电路以实现对电动机的保护。

（2）热继电器的种类和结构。按照动作的方式，热继电器可分成双金属片式、热敏电阻式、易熔合金式、电子式等几种，如图 4-16 所示。使用最普遍的是双金属片式，它结构简单、成本较低。双金属片式热继电器主要由热元件、触点、动作机构、复位按钮和整定电流调节装置组成，其内部结构如图 4-17 所示。

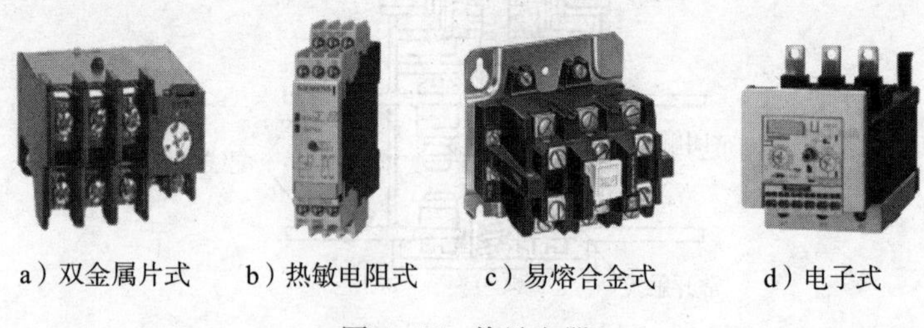

a）双金属片式　b）热敏电阻式　c）易熔合金式　d）电子式

图 4-16　热继电器

（3）热继电器的符号。符号包括热元件和触头两部分，热元件串联在主电路中，常闭触头接在控制电路中。热继电器的图形符号和文字符号如图 4-18 所示。

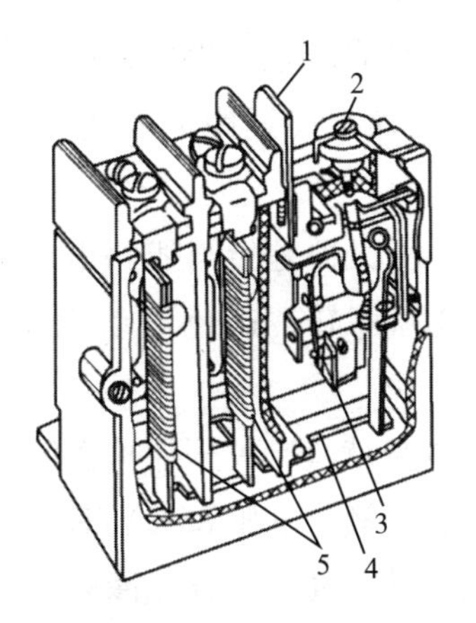

图 4-17　双金属片式热继电器内部结构

1—复位按钮　2—整定电流调节装置　3—触头　4—动作机构　5—热元件

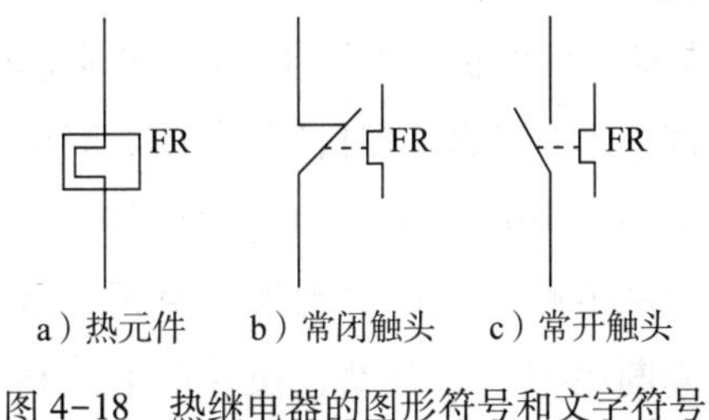

图 4-18　热继电器的图形符号和文字符号

（4）热继电器的选用原则。一般情况可选用两相或三相结构的热继电器；热元件的额定电流等级一般略大于电动机额定电流；对于工作时间较长的电动机以及虽然长时间工作但过载的可能性小的电动机可不设过载保护；双金属片式热继电器一般用于轻载、不频繁启动的电动机的过载保护；对于重载、频繁启动的电动机则可用过电流继电器作过载和短路保护。

6. 交流接触器

（1）交流接触器的功能。交流接触器是一种用来自动接通或断开大电流电路的电器。大多情况下其控制对象是电动机，也可用于其他电力负载。它不仅能自动通断电路，还具有控制容量大、低电压的释放保护、寿命长而且能远距离控制等优点，因而得到广泛应用。

1）欠压保护。欠压保护是指当线路电压下降到某一数值时，电动机能自动脱离电源停转，避免电动机在欠压下运行的一种保护。

接触器自锁线路本身就具有欠压保护作用。因为当线路电压下降到一定值（一般指低于额定电压 85%）时，接触器线圈两端的电压也同样下降到此值，从而使接触器线圈磁通减弱，产生的电磁吸力减小。当电磁吸力减小到小于反作用弹簧的拉力时，动铁芯被迫释放，主触头和自锁触头同时分断，自动切断主电路和控制电路，使电动机失电停转，起到欠压保护的作用。

2）失压（或零压）保护。失压保护是指电动机在正常运行中，由于外界某种原因引起突然断电时，能自动切断电动机电源，当重新供电时，保证电动机不能自行启动的一种保护。

接触器自锁控制电路就可以实现失压保护。因为接触器自锁触头和主触头在电源断电时已经分断，使控制电路和主电路都不能接通，所以在电源恢复供电时，电动机就不会自行启动运转，从而保证了人身和设备的安全。

（2）交流接触器种类和结构。交流接触器类型很多，常用接触器如图 4-19 所示。交流接触器主要由触头系统、电磁系统和灭弧装置等部分组成。其内部结构如图 4-20 所示。

（3）交流接触器的符号。接触器的图形符号包括四部分，如图 4-21 所示。其中主触头接在主电路中，线圈和辅助触头接在控制电路中。

（4）交流接触器的工作原理。当交流接触器电磁系统中的线圈通电后，铁芯被磁化，产生大于反作用弹力的电磁力，将衔铁吸合；

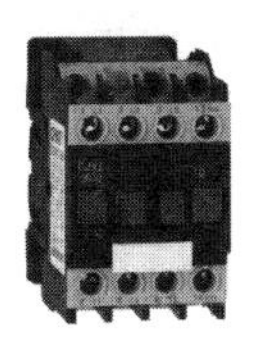
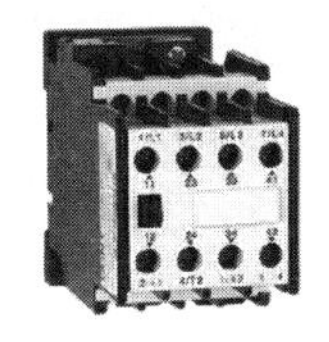

图 4-19　常用交流接触器

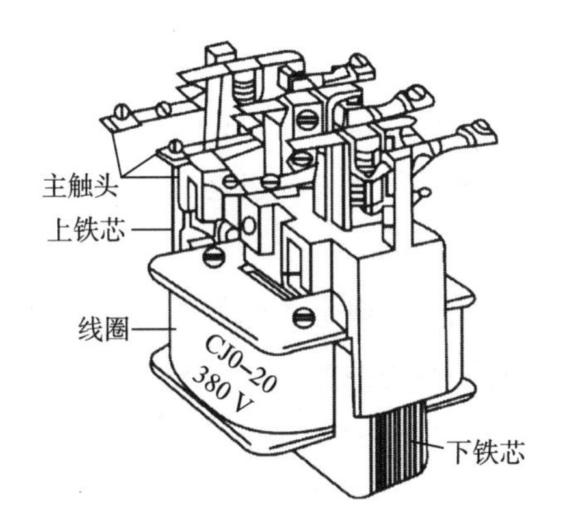

图 4-20　交流接触器内部结构

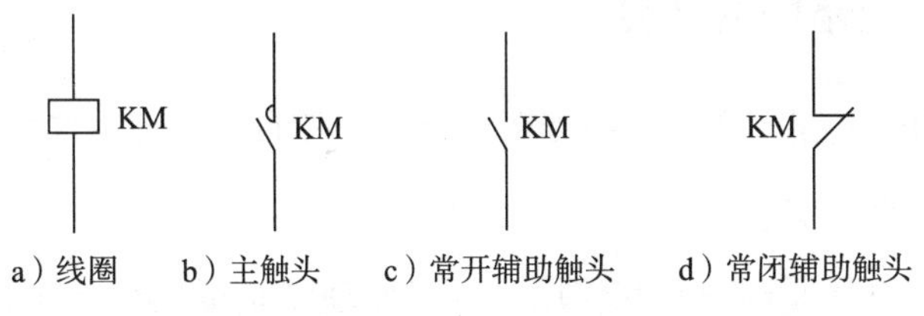

图 4-21　交流接触器的图形符号和文字符号

一方面带动了常开触头闭合接通主电路；另一方面常闭辅助触头首先断开，接着辅助常开触头闭合。当线圈断电或电压太低时，在反作用弹簧的作用下衔铁释放，接触器恢复常态。

（5）选择接触器的一般原则。按照电路类型选择直流接触器或交流接触器；主触头的额定电压应大于等于负载额定电压；主触头的额定电流应大于负载的额定电流；吸引线圈的电压根据线路技术要求确定电压等级。

模块4　电路图的识读

培训目标

1. 熟悉电路图的识读方法和原则；
2. 掌握三相异步电动机正转控制电路的识读。

电路图是采用国家统一规定的电气图形符号和文字符号，按照规定的画法来表示电气系统中各种电气设备、装置、元件的相互关系或连接关系，用来指导各种电气设备、电路的安装接线、运行、维护和管理的电路连接图。它是电气工程语言，是进行技术交流不可缺少的手段。

一、电路图的种类

常用的电路图有电气原理图、电器元件布置图和电气接线图等。

1. 电气原理图

（1）电气原理图及其作用。电气原理图是根据生产机械运动形式对电气控制系统的要求，采用国家统一规定的电气图形符号和文字符号，按照电气设备和电器的工作顺序，详细表示电路、设备或成套装置的全部基本组成的连接关系，而不考虑其实际位置的一种简图，如图4-22所示。

电气原理图用来说明电气控制线路的工作原理、各电气元件的相互作用和相互关系，而不考虑各元件的实际位置。

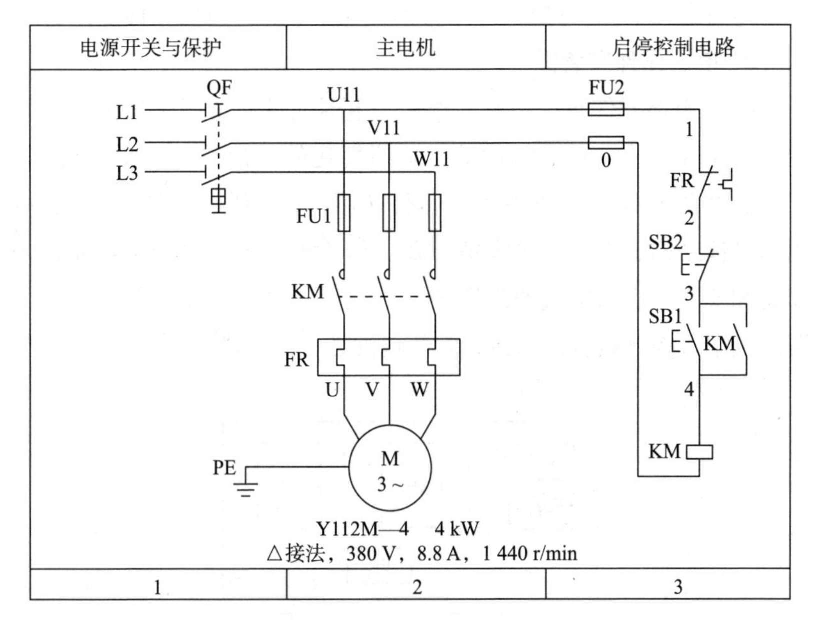

图 4-22　电气原理图

（2）电气原理图的绘制方法和原则

1）在电路图中，主电路、电源电路、控制电路、信号电路分开绘制。

2）无论是主电路还是辅助电路，各电器元件一般应按生产设备动作的先后动作顺序从上到下或从左到右依次排列，可水平布置或垂直布置。

3）所有电器的开关和触点的状态，均为线圈未通电状态；手柄置于零位；行程开关、按钮等的接点为不受外力状态；生产机械为开始位置。

4）为了阅读、查找方便，在含有接触器、继电器线圈的线路单元下方或旁边，可标出该接触器、继电器各触点分布位置所在的区号码。

5）同一电器各导电部分常常不画在一起，应以同一标号注明。

2. 电器元件布置图

（1）电器元件布置图及其作用。电器元件布置图是根据电器元件在控制板上的实际安装位置，采用简化的外形符号（如正方形、矩形、网形等）而绘制的一种简图，如图4-23所示。它不表达各电器的具体结构、作用、接线情况及工作原理，主要用于电器元件的布置和安装，表明电气原理图中所有电器元件、电器设备的实际位置，为电气控制设备的制造、安装提供必要的资料。

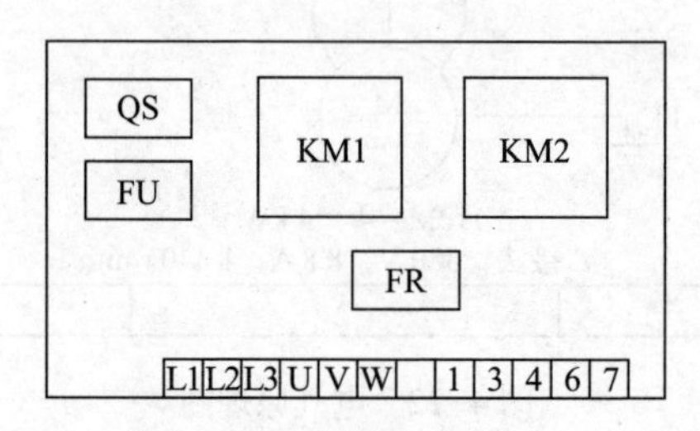

图4-23　电器元件布置图

（2）电器元件布置图绘制方法和原则

1）各电器代号应与有关电路图和电器元件清单上所列的元器件代号相同。

2）体积大的和较重的电器元件应该安装在电气安装板下面，发热元件应安装在电气安装板的上面。

3）经常要维护、检修、调整的电器元件安装位置不宜过高或过低，图中不需要标注尺寸。

3. 电气接线图

（1）电气接线图及其作用。电气接线图是根据电气设备和电器元件的实际位置和安装情况绘制的，只用来表示电气设备和电器元件的位置、配线方式和接线方式，而不明显表示电气动作原理的简图，如图 4-24 所示。电气接线图主要作用是为电气控制设备的安装接线、线路的检查维修与故障处理提供必要的资料。

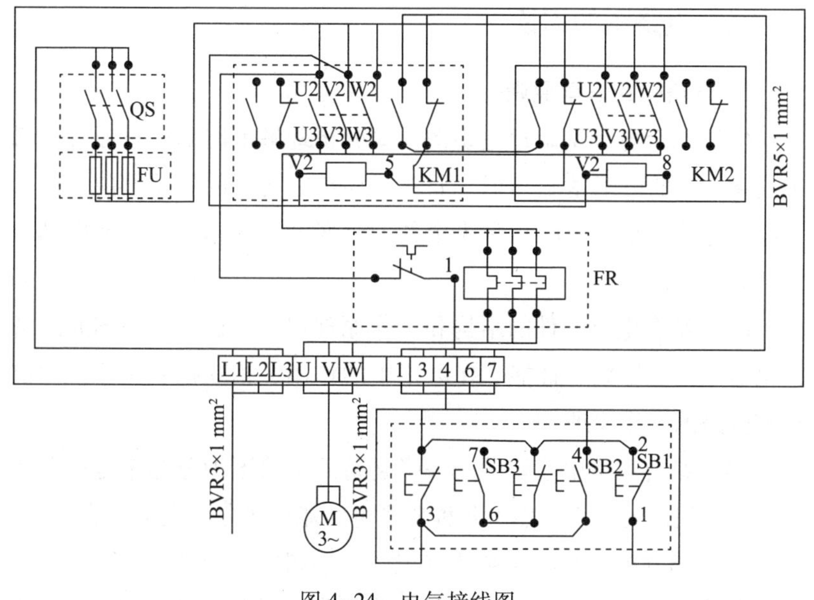

图 4-24　电气接线图

（2）电气接线图的绘制原则

1）电气接线图中，各电器元件的相对位置与实际安装的相对位置一致，且所有部件都画在一个按实际尺寸以统一比例绘制的虚线框中。

2）各电器元件的接线端子都与电气原理图中的编号相一致。

3）接线图中应详细地标明配线用的导线型号、规格、标称面积及连接导线的根数。标明所穿管子的型号、规格等，并标明电源的引入点。如图 4-24 中 BVR5×1 mm^2 为聚氯乙烯绝缘软电线、5 根导线、导线横截面积为 1 mm^2。

4）安装在电气板内外的电器元件之间需通过接线端子板连线。

5）成束的电线可以用一条实线表示，电线很多时，可在电器接线端只标明导线的线号和去向，不用将导线全部画出。

二、电路图的识读

1. 电路图的识读原则

（1）结合电工基础理论识图。要分析理解电路的电气原理，必须具备一定的电工基础知识，如三相异步电动机的旋转方向是由通入电动机的三相电源的相序决定的，改变电源的相序可改变电动机的转向。

（2）结合电器元件的结构和工作原理识图。识读电路图时应清楚电器元件的结构、性能、在电路中的作用、相互控制关系，才能理解电路的工作原理。

（3）结合典型电路识图。一张复杂的电路图细分起来是由若干典型电路组成的，因此熟悉各种典型电路能很快分清主次环节。

（4）结合电路图的绘制特点识图。绘制电气原理图时，主电路绘制在辅助电路的左侧或上部，辅助电路绘制在主电路的右侧或下部。同一元件分解成几部分绘制在不同的回路中，但以同一文字符号标注。回路的排列，通常按元件的动作顺序或电源到用电设备的连接顺序，水平方向从左到右、垂直方向从上到下绘制。了解电气图的基本画法，就容易看懂电路的构成情况，理解电器的相互控制关系，掌握电路的基本原理。

2. 电路图的识读步骤

（1）看图样说明。了解设计内容和施工要求，有助于掌握图样的大体情况、抓住识图重点。

（2）看电气原理图

1）按先看主电路后看辅助电路的顺序识图。看主电路时，通常从下往上看，即从负载开始经控制元件顺次往电源看。主要是看清负载是怎样取得电源的，电源是经哪些元件到达负载的。

2）看辅助电路，通常从上而下、从左到右看，即先看电源，再顺次看各条回路。主要分析回路构成，各元件的联系、控制关系和在什么条件下构成通路或断路。

（3）看安装接线图。先看主电路，再看辅助电路，看主电路时从电源引入端开始，顺次经控制元件和线路到用电设备。在看辅助电路时，要从电源的一端到其电源的另一端，按元件的顺序对每个回路进行分析研究。

模块5　三相异步电动机控制线路安装与检修

培训目标

1. 熟悉三相异步电动机常用基本控制线路；
2. 掌握按钮、接触器双重联锁正反转控制线路安装与检修技能；
3. 掌握电气控制线路故障检修的一般步骤与方法。

一、三相异步电动机基本控制线路

1. 手动正转控制线路

（1）线路组成。低压断路器控制的手动正转电路如图4-25所示，例如，砂轮机的控制就属于手动正转控制。

（2）电路工作原理

启动：合上断路器QF→电动机M接通电源，启动运转。

停止：断开断路器QF→电动机M断开电源，停止运转。

2. 点动正转控制线路

点动控制就是按下按钮，电动机得电运转，松开按钮，电动机失电停转的控制方法。

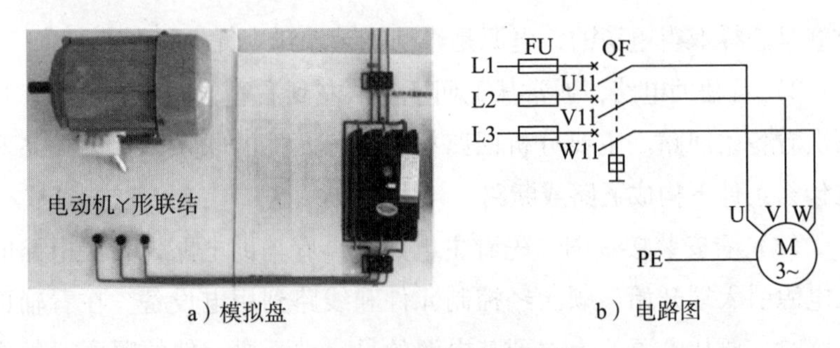

a）模拟盘　　b）电路图

图 4-25　手动正转控制线路

（1）线路组成。如图 4-26 所示为三相异步电动机点动控制电路，该电路由主电路和控制电路两部分构成。主电路由电源开关 QS、熔断器 FU1 和交流接触器 KM 的 3 个主触点和电动机组成；控制电路由电源、熔断器 FU2、按钮开关 SB 和接触器 KM 线圈组成。

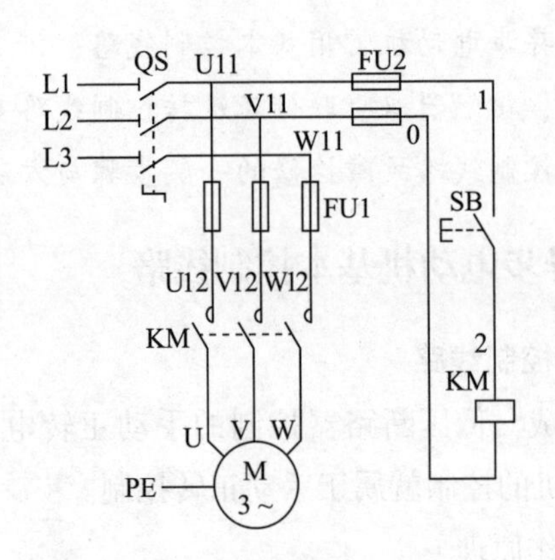

图 4-26　三相异步电动机点动控制电路

（2）电路工作原理。先合上电源开关 QS。

启动：按下 SB→KM 线圈得电→KM 主触头闭合→电动机 M 启动运转；

停止：松开 SB→KM 线圈失电→KM 主触头分断→电动机 M 失

电停转。

3. 电动机正转控制线路

（1）电路图的组成。一般可以利用接触器自锁控制实现电动机正转。三相异步电动机正转控制电路的电气原理图如图 4-27 所示。

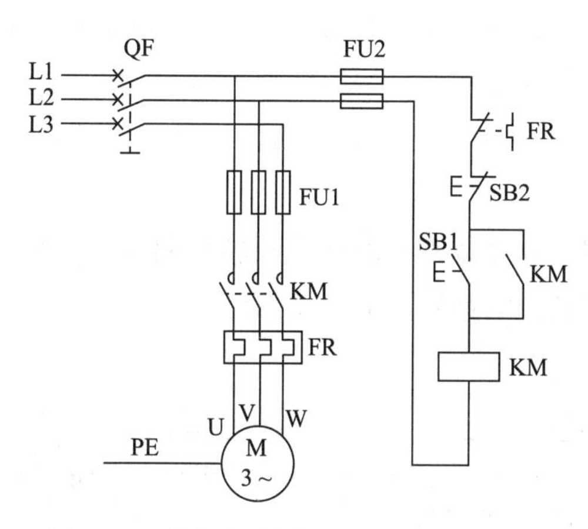

图 4-27　接触器控制电动机正转控制电路

在具有过载保护的接触器自锁正转控制电路中，控制线路的启动按钮两端并联了接触器 KM 的一对常开辅助触头，当按下启动按钮 SB1 再松开，接触器 KM 通过自身常开触头而使线圈保持得电，以保持控制电路接通，电动机实现连续正转，这种作用称为“自锁”。与启动按钮 SB1 并联，并起自锁作用的常开辅助触头称为自锁触头。

（2）电路工作原理。先合上电源开关 QF。启动：按下 SB1→KM 线圈通电→KM 主触头及辅助触头闭合→电动机启动。松开：松开 SB1→KM 辅助触头仍闭合→电动机 M 连续运转。停转：按下 SB2→KM 线圈断电→KM 主触头及辅助触头断开→电动机 M 断电停转。

停止使用电动机时断开电源开关 QF。

保护措施：熔断器 FUI、FU2 起短路保护作用；接触器 KM 起失压、欠压保护作用；热继电器 FR 起过载保护作用；保护板 PE 起接地保护作用。

4. 三相异步电动机正反转控制电路

一般情况下，三相异步电动机正反转控制电路一般采用转换开关控制、接触器联锁控制、按钮联锁控制和按钮、接触器双重联锁控制。最常用且操作方便的是按钮、接触器双重联锁正反转控制电路。

（1）按钮、接触器双重联锁正反转控制电路。按钮、接触器双重联锁正反转控制电路如图 4-28 所示。

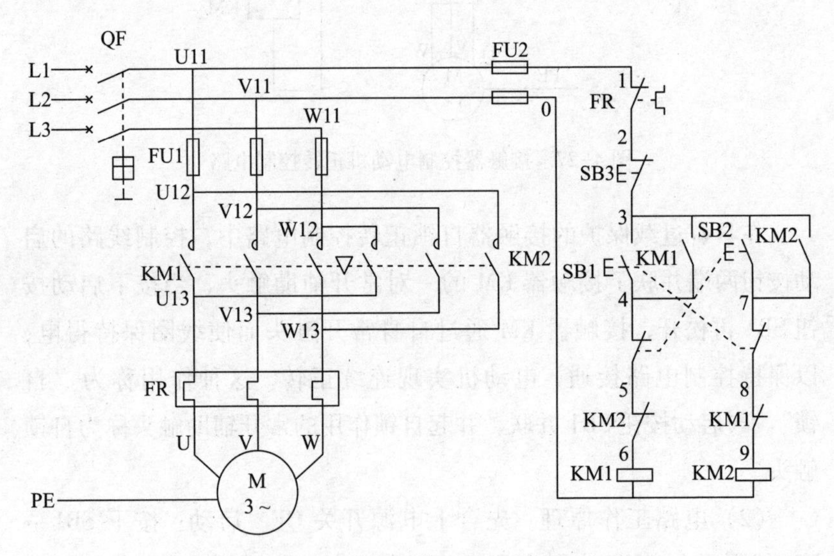

图 4-28　按钮、接触器双重联锁正反转控制电路

为了避免两个接触器 KM1 和 KM2 同时得电造成电源短路，在正反转控制电路中分别串接了对方接触器的一对常闭辅助触头，当一

个接触器得电动作时，通过其常闭辅助触头使另一个接触器不能得电，接触器间这种互相制约的作用叫接触器联锁（或互锁）。实现联锁作用的常闭辅助触头称为联锁触头（或互锁触头），联锁符号用“▽”表示。

正转按钮 SB1 和反转按钮 SB2 是两个复合按钮，并把两个复合按钮的常闭触头也串接在对方的控制电路中，构成按钮和接触器双重联锁正反转控制线路，就能克服接触器联锁正反转控制电路操作不便的缺点，使电路操作方便，工作安全可靠。

（2）动作原理。先合上电源开关 QF。

正转运行：按下 SB1→KM1 线圈通电→KM1 主触头及辅助触头闭合、常闭辅助触头（联锁触头）断开→电动机 M 得电正转。

停转：按下 SB3→KM1 线圈断电→KM1 主触头及常开辅助触头（自锁触头）断开、常闭辅助触头（联锁触头）闭合→电动机 M 断电停转。

反转运行：按下 SB2→KM2 线圈断电→KM2 主触头及常开辅助触头（自锁触头）闭合、常闭辅助触头（联锁触头）断开→电动机 M 得电反转。

停止使用时断开电源开关 QF。

保护措施：熔断器 FUI、FU2 起短路保护作用；接触器 KM1、KM2 起失压、欠压保护，自锁保护，联锁保护作用；热继电器 FR 起过载保护作用。

二、按钮、接触器双重联锁正反转控制电路安装与检修

1. 选择和检查元件

按钮、接触器联锁正反转控制电路元件明细见表 4-11。

表 4-11　按钮、接触器联锁正反转控制电路元件明细

代号	名称	型号	规格	数量
M	三相异步电动机	Y112M-4	4 kW、380 V、△接法、8.8 A	1
QF	低压断路器	DZ47-63/3p	三极、额定电流 25 A	1
FUI	熔断器	RL1-60/25	配熔体额定电流 25 A	3
FU2	熔断器	RL1-15/2	配熔体额定电流 15 A	2
KM1、KM2	交流接触器	CJ10-20	20 A、线圈电压 380 V	2
FR	热继电器	JR16-20/3	三极、20 A、整定电流 8.8 A	1
SB1、SB2、SB3	按钮	LA10-3H	保护式、390 V、5 A	3
XT	端子板	JX2-1015	10 A、15 节、380 V	1

2. 电路接线

（1）装接线路的原则。应按照“先主后控，先串后并；从上到下，从左到右；上进下出，左进右出”的原则进行接线。

（2）装接线路的工艺要求。“横平竖直，弯成直角，少用导线少交叉，多线并拢一起走。”在掌握上述接线原则和工艺要求后，可按照图 4-29 按钮、接触器联锁正反转控制电路接线图逐根进行接线。电路接线完成如图 4-30 所示。

3. 电路检查

（1）主电路的检查。将指针式万用表的转换开关旋至“R×1”挡或将数字式万用表的转换开关旋至“200 Ω”挡。将表笔放在 L1、L2 处，人为使接触器 KM 吸合（有的只需按 KM 的触头架），此时万用表的读数应为电动机两相绕组的串联电阻值（设电动机为Y连接）；将表笔放在 L1、L3 处，按接触器 KM，万用表的读数同上；将表笔放在 L2、L3 处，按接触器 KM，万用表的读数同上。

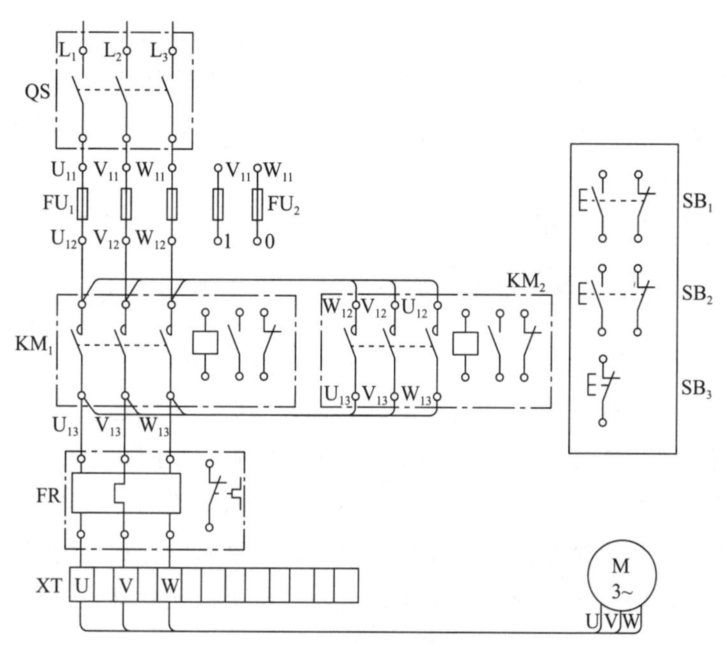

图 4-29　按钮、接触器联锁正反转控制电路接线图

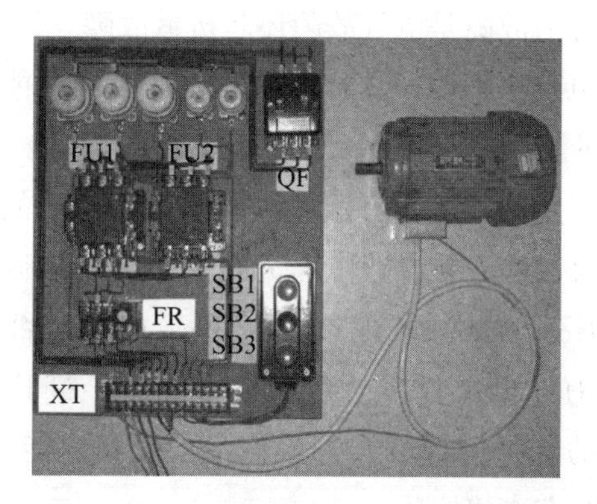

图 4-30　按钮、接触器联锁正反转控制电路完成图

（2）控制电路的检查。将指针式万用表的转换开关旋至“R×10”或“R×100”挡或将数字万用表的转换开关旋至“2 k”挡。将

表笔接在L1、L2处，此时万用表的读数应为无穷大，按SB1，读数应为KM1线圈的电阻值；按SB2，读数应为KM2线圈的电阻值；按KM1或KM2，万用表读数应为KM线圈的电阻值，再同时按SB3，读数则变为无穷大。

（3）检查无误后，通电试运行。

三、电气控制线路故障检修的一般步骤与方法

电气控制线路的故障一般可分为自然故障和人为故障两大类。自然故障是由于电气设备在运行时过载、振动、锈蚀、金属屑和油污侵入、散热条件恶化等原因，造成电气绝缘下降、触点熔焊、电路接点接触不良，甚至发生接地或短路而形成的。人为故障是由于在安装控制线路时布线接线错误，在维修电气故障时没有找到真正原因或者修理操作不当，不合理地更换元器件或改动线路而形成的。

1. 电气控制线路故障检修的一般步骤

（1）首先分清故障是电气故障还是机械故障。

（2）根据电气原理图，认真分析发生故障的可能原因，大概确定故障发生的可能部位或回路。

（3）通过一定的技术、方法、经验和技巧找出故障点。这是检修工作的难点和重点。要求操作人员既要学会灵活运用“看”（看是否有明显损坏或其他异常现象）、“听”（听是否有异常声音）、“闻”（闻是否有异味）、“摸”（摸是否发热）、“问”（故障发生经过，向有经验的老师傅请教）等检修经验，又要能读懂电路原理，掌握正确的检修方法和技巧。

（4）排除故障、通电运行试验。

2. 电气控制线路故障的常用分析方法

（1）调查研究法。调查研究法就是通过“看”“听”“闻”“摸”

“问”了解明显的故障现象，通过询问操作人员了解故障发生的原因，通过询问他人或查阅资料帮助查找故障点的方法。

（2）试验法。试验法是在不损伤电气和机械设备的条件下，以通电试验来查找故障的一种方法。通电试验一般采用“点触”的形式进行试验。若发现某一电器动作不符合要求，即说明故障范围在与此电器有关的电路中，然后在这部分故障电路中进一步检查，便可找出故障点。有时也可采用暂时切除部分电路（如主电路）的方法，来检查各控制环节的动作是否正常，但必须注意不要随意用外力使接触器或继电器动作，以防引起事故。

（3）逻辑分析法。逻辑分析法是根据电气控制线路工作原理、控制环节的动作程序以及它们之间的联系，结合故障现象进行故障分析的一种方法。它以故障现象为中心，对电路进行具体分析，提高检修的针对性，可缩小目标范围，迅速判断故障部位，适用于对复杂线路的故障检查。

（4）测量法。测量法是利用校验灯、试电笔、万用表、蜂鸣器、示波器等对线路进行带电或断电测量的一种方法。在利用万用表欧姆挡和蜂鸣器检测电器元件及线路是否断路或短路时，必须切断电源。同时，在测量时要特别注意是否有并联支路或其他电路对被测线路产生影响，以防误判。

在一般情况下，调查研究法能帮助维修人员找出故障现象；试验法不仅能找出故障现象，还能找到故障部位或故障回路；逻辑分析法是缩小故障范围的有效方法；测量法是找出故障点最基本、最可靠和最有效的方法。

第5单元

变配电基本知识

模块1 变压器

培训目标

1. 熟悉变压器的结构、用途、分类和铭牌数据；

2. 掌握常用变压器的使用与维护方法。

一、变压器的用途和种类

1. 变压器的用途

变压器是一种能将某一种电压电流的交流电能转变成另一种电压电流的交流电能的电器。在生产和生活中，经常会用到各种高低不同的电压，如工厂中常用的三相异步电动机，它的额定电压是380 V或220 V；照明电路中要用220 V的电压；机床照明灯只需要36 V、24 V甚至更低的电压；在高压输电系统中需用110 kV、220 kV以上的电压输电。因此，为了满足输配电和用电的需求，就要使用变压器把某一交流电压变换成频率相同的不同等级的电压，以满足相应的使用要求。

变压器不仅用于改变电压，还可以用来改变电流（如变流器、大电流发生器等）、改变相位（如改变绕组的连接方法来改变变压器的极性或组别）、变换阻抗（电子线路中的输入、输出变压器）等。

2. 变压器的种类

变压器的种类很多，可按其用途、结构、相数、冷却方式等进行分类，见表5-1。

表5-1　　变压器的种类

分类方法	类型
用途	电力变压器（主要用在输配电系统中，又分为升压变压器、降压变压器、联络变压器和厂用变压器）、仪用互感器（电压互感器和电流互感器）、特种变压器（如调压变压器、试验变压器、电炉变压器、整流变压器、电焊变压器等）
绕组数目	双绕组变压器、三绕组变压器、多绕组变压器和自耦变压器
铁芯结构	心式变压器和壳式变压器
相数	单相变压器、三相变压器和多相变压器
冷却介质和冷却方式	油浸式变压器（包括油浸自冷式、油浸风冷式、油浸强迫油循环式）、干式变压器、充气式变压器

3. 变压器的符号

变压器的标准符号和简化符号如图5-1所示。

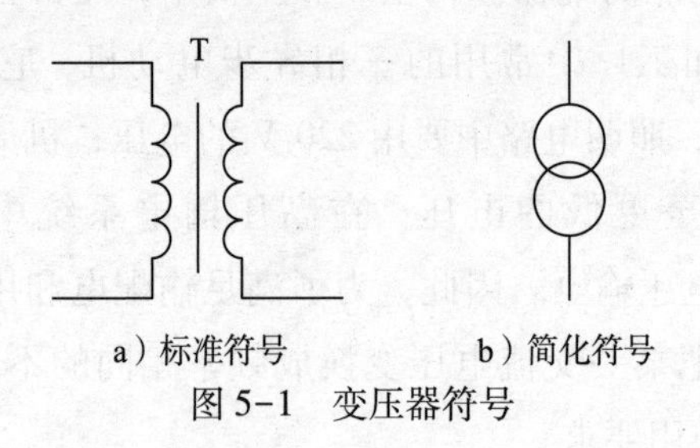

a）标准符号　　b）简化符号

图5-1　变压器符号

二、电力变压器的结构与铭牌

1. 电力变压器的结构

电力变压器主要由铁芯、绕组、油箱（外壳）、变压器油、套管以及其他附件构成。常见油浸式电力变压器的结构如图5-2所示。油箱是变压器的外壳，用钢板制成。油箱外面还有散热管，油箱除了保护内部铁芯和绕组外，里面还装有变压器油，起散热和绝缘的作用。绝缘套管又称绝缘子，它将变压器的高低压绕组的引出线引到油箱外部，其作用是固定引出线和使引出线与箱盖保持良好的绝缘性。此外，变压器的油箱上还有调压分接开关、加油栓、放油阀和接地螺栓等。

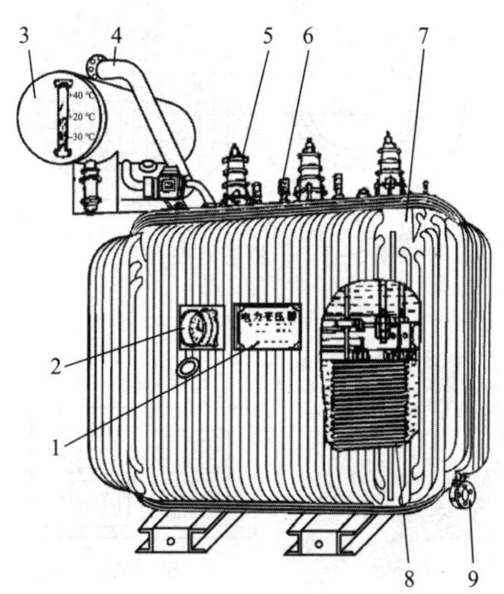

图5-2　油浸式电力变压器的结构

1—铭牌　2—温度表　3—油枕　4—安全气道　5—高压套管
6—低压套管　7—油箱　8—铁芯、绕组　9—放油阀

（1）变压器的铁芯。电力变压器的铁芯不仅构成变压器的磁路作导磁用，而且又作为变压器的机械骨架。铁芯由芯柱和铁轭两部分组成。芯柱用来套装绕组，而铁轭则连接芯柱形成闭合磁路。按铁芯结构，变压器可分为芯式和壳式两类。芯式铁芯的芯柱被绕组所包围（见图5-3）；壳式铁芯包围着绕组顶面和底面以及侧面（见图5-4）。

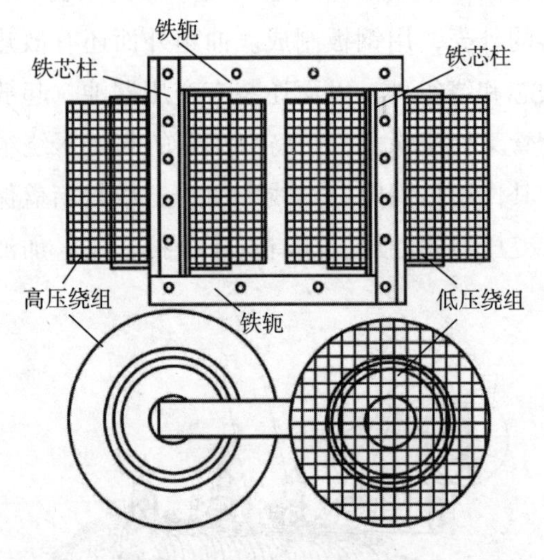

图 5-3　单相芯式变压器

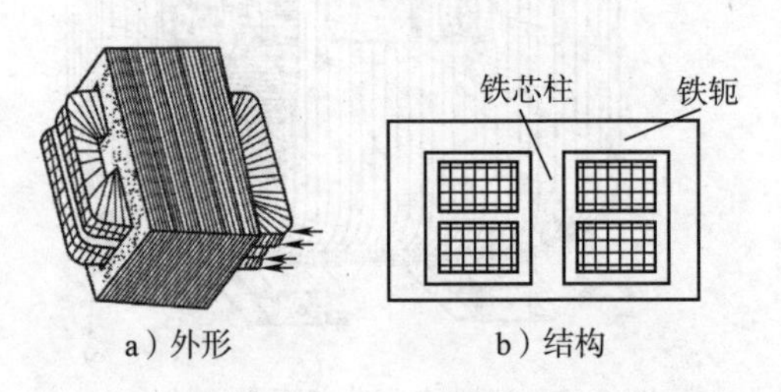

a）外形　　b）结构

图 5-4　单相壳式变压器

芯式结构用铁量少，构造简单，绕组安装及绝缘容易，电力变压器多采用此种结构。壳式结构机械强度高，用铜（铝）量（即电磁线用量）少，散热容易，但制造复杂，用铁量（即硅钢片用量）大，常用于小型变压器和低压大电流变压器（如电焊机、电炉变压器）中。为了减少铁芯中磁滞损耗和涡流损耗，提高变压器的效率，铁芯材料多采用高硅钢片，为加强片间绝缘，避免片间短路，每张叠片表面涂覆约 0.01 mm 厚的绝缘漆膜。为减少叠片接缝间隙，即减少磁阻从而降低励磁电流，铁芯装配采用叠接形式，错开上下接缝。装配好的变压器，其铁芯还要可靠接地（在变压器结构上是首先接至油箱）。

（2）变压器的绕组。绕组是变压器的电路部分，由电磁线绕制而成。通常采用纸包扁线或圆线。变压器绕组结构有同芯式和交叠式两种，如图 5-5 所示。大多数电力变压器（1 800 kVA 以下）都采用同芯式绕组，即它的高低压绕组套装在同一铁芯芯柱上，为便于绝缘，一般低压绕组放在里面（靠近芯柱），高压绕组套在它的外面（离开芯柱），如图 5-5a 所示。但容量较大而电流也很大的变压器，由于低压绕组引出线工艺上的困难，也有将低压绕组放在外面的。

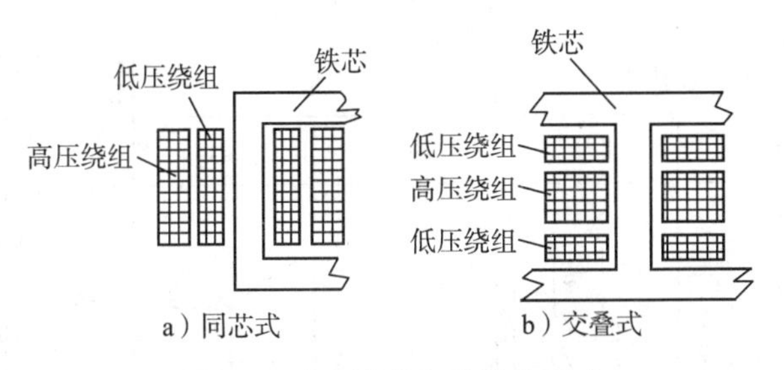

图 5-5　变压器绕组的结构形式

交叠式绕组的线圈做成饼式，高低压绕组彼此交叠放置，为便于绝缘，通常靠铁轭处即最上和最下的两组绕组都是低压绕组，如图 5-5b 所示。交叠式绕组的主要优点是漏抗小、机械强度好、引线方便，主要用于低压大电流的电焊变压器、电炉变压器和壳式变压器中，如大于 400 kVA 的电炉变压器绕组就是采用这样的布置。

2. 电力变压器的铭牌

电力变压器的机座上装有一块铭牌，它标出了电力变压器的主要结构和性能参数。要正确选择和使用电力变压器，必须了解其铭牌上的数据。某电力变压器的铭牌如图 5-6 所示。

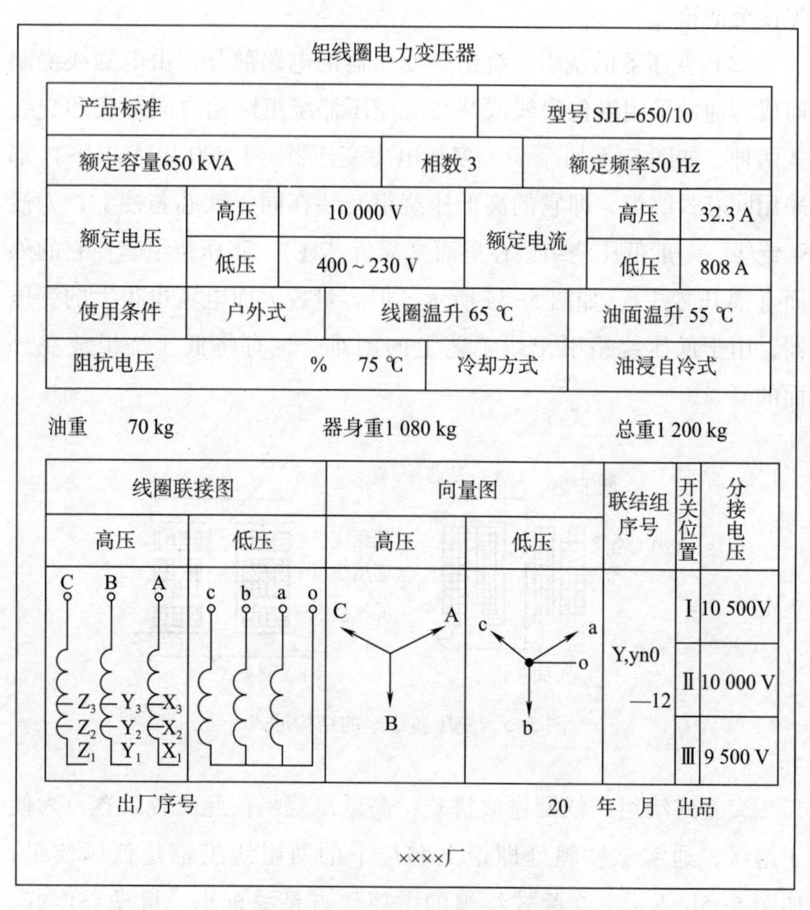

图 5-6　电力变压器的铭牌示例

（1）型号。电力变压器的型号由两部分组成，拼音符号部分表示其类型和特点，数字部分斜线左方表示额定容量，单位为 kVA，斜线右方表示一次侧电压，单位为 kV。如型号 SJL-650/10，表示三相油浸自冷式双线圈铝线 650 kVA、10 kV 电力变压器。

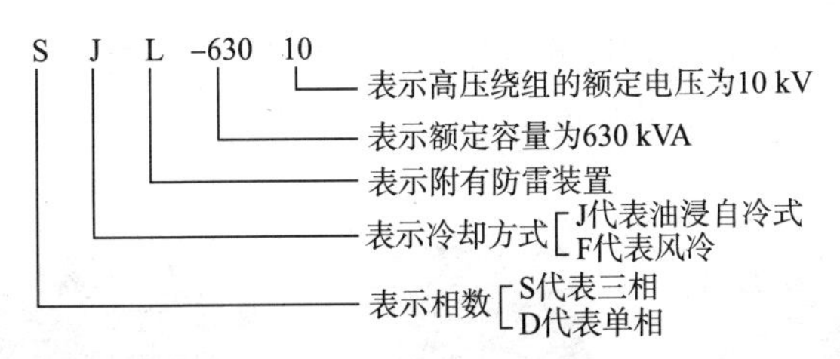

（2）额定容量。额定容量是指变压器在额定频率、额定电压和额定电流的情况下，所能传输的视在功率，单位是 VA 或 kVA。

（3）额定电压。在三相变压器中，额定电压是指线电压，单位为 V 或 kV。一次绕组的额定电压是指加在一次绕组上的正常工作电压值，它是根据变压器的绝缘强度和允许发热条件规定的。二次绕组的额定电压是指变压器在空载时，一次绕组加上额定电压后二次绕组两端的电压值。

（4）额定电流。在三相变压器中是指线电流。指变压器绕组允许长时间连续通过的工作电流，单位为 A。

（5）额定频率。额定频率是指变压器一次绕组的外加电源的频率，变压器是按此频率设计的，我国电力变压器的额定频率都是 50 Hz。

（6）允许温升。指变压器在额定运行时允许超出周围环境温度的数值，它取决于变压器所用绝缘材料的等级。在变压器内部，绕组发热最厉害。若变压器采用 A 级绝缘材料，则规定绕组的温升为 65 ℃，箱盖下的油面温升为 55 ℃。

（7）阻抗电压（或百分阻抗）。通常以%表示，它表示变压器内部阻抗压降占额定电压的百分数。

三、常用变压器

1. 三相变压器

（1）三相变压器类型和结构。常用三相变压器有干式变压器和三相油浸式变压器，常用的三相干式变压器外形如图5-7所示，常用三相油浸式变压器外形如图5-8所示。

图5-7　三相干式变压器

图5-8　三相油浸式变压器

（2）三相变压器的绕组。三相变压器的绕组接线图和示意图如图5-9所示。

三相变压器绕组中，接电源侧为一次绕组，如图5-9b中的U1U2、V1V2、W1W2；接负载侧为二次绕组如图5-9b中u1 u2、v1 v2、w1 w2。其中U1、V1、W1为一次绕组首端；U2、V2、W2为一次绕组末端。u1、v1、w1为二绕组首端；u2、v2、w2为二绕组末端。将绕组末端首尾相接成一点，称为星形接法，用符号“Y”或“y”表示；将绕组首、末端依次相接形成三角形接法，用“D”或“d”表示。其中大写字母表示一次侧的接线方式，小写字母表示二次侧的接线方式。

a）接线图

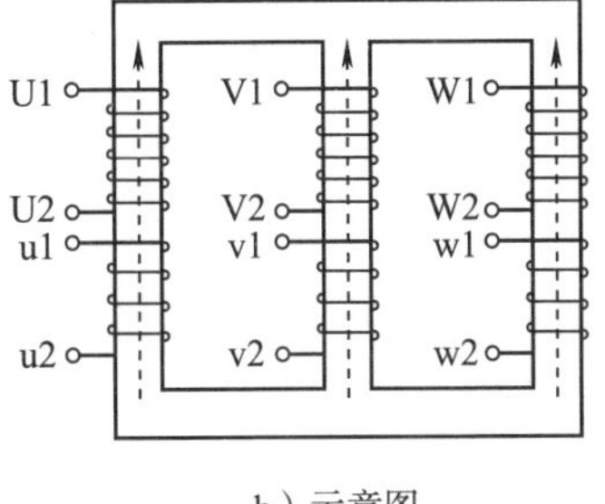

b）示意图

图 5-9　三相变压器的绕组

2. 电焊变压器

电焊变压器是为焊接金属工件而设计的特殊变电设备。为了适应焊接工艺需要，电焊变压器必须满足如下基本要求：空载时应有足够的电弧引燃电压（一般为 55～80 V），以便引燃电弧；电弧产生后，电压应迅速下降，在额定焊接电流时，电压为 30～40 V；在短路时（焊条与工件接触），短路电流不能超过额定电流的 1.5 倍；具有良好的调节特性，能在大范围内调节焊接电流的大小，以适应不同规格的焊条和不同焊接工艺要求。常用电焊机（电焊变压器）如图 5-10 所示。

图 5-10　电焊机

（1）电焊变压器的原理。如图 5-11 所示，它的一次绕组、二次绕组分装在两个铁芯柱系列上，二次绕组与电抗器串联。电抗器的铁芯不但有一定的空气隙，而且转动螺杆还可改变空气隙的长短，来获得不同的焊接电流。当空气隙加长后，磁阻将增大，由磁路欧姆定律知，此时的电流就增大。反之，当空气隙减小时，电流就减小。由此可知，要获得大小不同的焊接电流，可通过改变空气隙的长短来实现。

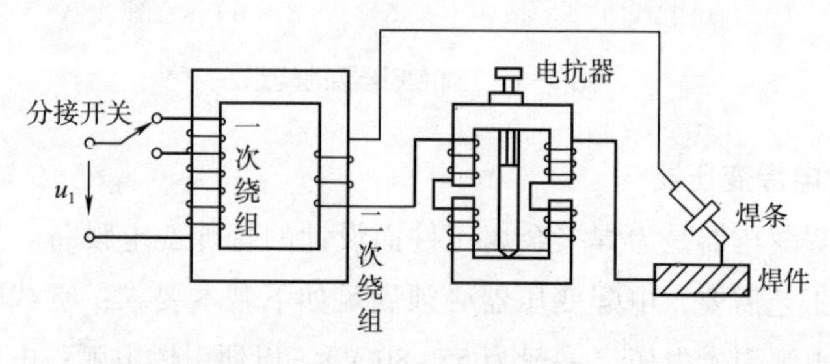

图 5-11　电焊变压器的原理图

（2）电焊变压器的结构形式。除上述结构形式外，常见电焊变压器还有动铁式和动圈式两种。所谓动铁式是通过改变二次绕组匝数和调节可动铁芯的位置来调节焊接电流的方式，动圈式是通过改变一次绕组、二次绕组的相对位置来调节焊接电流的方式，但它们的工作原理基本相同。

3. 互感器

互感器是一种专供测量仪表、控制设备和保护设备使用的变压器。根据用途不同，互感器可分为电压互感器和电流互感器两种。它们可以把待测电压、电流按一定比例变小以便于测量；同时由于一次侧与二次侧之间采用磁耦合，起到很好的电气隔离作用，从而可以保证仪表和人员的安全。互感器可分为电压互感器和电流互感器。

（1）电压互感器

1）电压互感器的结构和工作原理。电压互感器的结构和工作原理与普通变压器空载情况相似。电压互感器外形及型号很多，常见的几种如图5-12所示。

图5-12　常见的电压互感器

2）电压互感器的选用与接线。通常电压互感器二次绕组的额定电压均设计为同一标准值100 V。因此，在不同电压等级的电路中所用的电压互感器，其变压比是不同的，例如6 kV/100 V，10 kV/100 V等。被测电压的实际数值=电压互感器读数×变压比

使用时，必须把匝数较多的高压绕组跨接在被测的高压电路上，而匝数较少的低压绕组则与电压表、电压继电器或其他仪表的电压线圈相接。电压互感器的接线如图5-13所示。

3）电压互感器使用时的注意事项。使用电压互感器时，二次绕组绝对不允许短路，否则，在二次绕组中会产生很大的电流，烧坏互感器及所接仪表；互感器铁芯与二次绕组的一端应牢靠地接地，防止一次、二次绕组绝缘损坏时，二次侧出现高压，危及设备及操作人员的安全。

（2）电流互感器

1）电流互感器的结构和工作原理。电流互感器是在测量大电流时用来将大电流变换成小电流的升压变压器。电流互感器外形及型号很多，常见的电流互感器如图5-14所示。

2）电流互感器选用与接线。通常电流互感器二次绕组的额定电

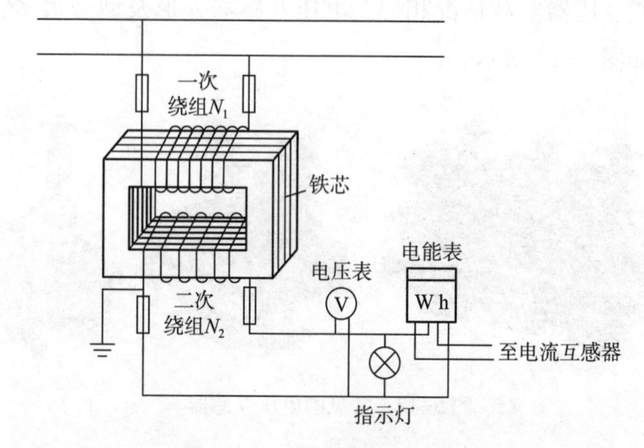

图5-13　电压互感器的接线图

图5-14　电流互感器

流均设计为同一标准值5 A。因此，在不同电流的电路中所用的电流互感器，其变流比是不同的。电流互感器的变流比有：10 A/5 A，20 A/5 A，30 A/5 A，40 A/5 A，50 A/5 A，75 A/5 A，100 A/5 A等。被测电流的实际数值=电流互感器读数×变流比

使用时，应把匝数少（有时是一匝）的一次绕组串联在被测大电流的电路中；而匝数较多的二次绕组则与电流表、电流继电器或其他仪表的电流线圈串接成一闭合回路，电流互感器的接线如图5-15所示。

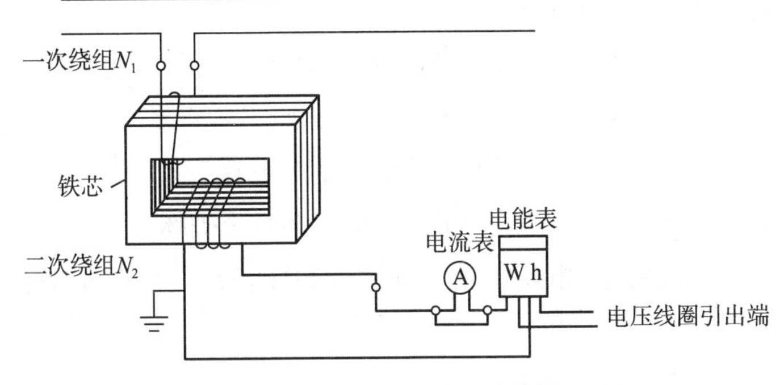

图 5-15　电流互感器接线图

3）电流互感器使用时的注意事项。电流互感器使用时二次侧绝不允许开路。否则铁芯会过热，且次级会产生高压，危及人身及设备安全；铁芯及二次绕组一端必须牢靠接地，防止一次、二次绕组绝缘损坏造成二次侧出现高压，危及人身及设备安全。

四、电力变压器的日常维护与检测

1. 电力变压器的日常维护

（1）检查瓷套管是否清洁，有无裂纹与放电痕迹，螺纹有无损坏及其他异常现象，如果发现应尽快停电更换。

（2）检查各密封处有无渗油和漏油现象，若有应及时处理。

（3）检查储油柜的油位高度及油色是否正常，若发现油面过低应加油。

（4）检查箱顶油面温度计的温度与室温之差是否低于 55 ℃。

（5）定期进行油样化验及观察硅胶是否吸潮变色，吸潮变色时应进行更换。

（6）注意变压器的声响是否正常。

（7）察看防爆管的玻璃膜是否完整或压力释放阀的膜盘是否顶开。

（8）检查油箱接地情况。

（9）观察瓷管引出排及电缆头接头处有无发热变色、火花放电及异状，如有此现象，应停电检查，找出原因后修复。

（10）察看高、低压侧电压及电流是否正常。

（11）察看冷却装置是否正常，油循环是否破坏。

另外，要注意变电所门窗和通道的封闭情况，以防小动物进入变压器室，造成电气事故。

2. 电力变压器的检测

（1）绕组直流电阻检测。由于变压器的直流电阻很小，所以一般用万用表的 R×1 Ω 挡来测绕组的电阻值，以判断绕组有无短路或断路现象。

（2）绝缘性能检测。变压器的绝缘性能主要依据各绕组之间及绕组和铁芯之间的绝缘来检测，可用 500 V 兆欧表（摇表）进行测量，其绝缘电阻应不小于 1 000 MΩ。若无摇表，也可用万用表的 R×10 kΩ 挡测量，测量时，表头指针应不动（电阻值为∞）。

1）一次绕组与二次绕组之间的绝缘电阻值。

2）一次绕组与外壳之间的绝缘电阻值。

3）二次绕组与外壳之间的绝缘电阻值。

上述测试结果会出现三种情况：

1）阻值为无穷大：正常。

2）阻值为零：有短路故障。

3）阻值小于无穷大，但大于零：有漏电性故障。

（3）电源变压器短路故障的综合检测判别。电源变压器发生短路故障后的主要症状是发热严重和二次绕组输出电压失常。初步判断方法：

1）切断变压器的一切负载，接通电源，看变压器的空载温升，如果温升较高（烫手）说明一定是内部局部短路。如果接通电源 15～30 min，温升正常，说明变压器正常。

2）在变压器电源回路内串接一支 1 000 W 白炽灯泡，接通电源时，灯泡只发微红，表明变压器正常，如果灯泡很亮或较亮，表明变压器内部有局部短路现象。

3）测量空载电流。存在短路故障的变压器，其空载电流值将远大于满载电流值的 10%。当短路严重时，变压器在空载加电后几十秒之内便会迅速发热，用手触摸铁芯会有烫手的感觉。此时不用测量空载电流便可断定变压器有短路点存在。

模块 2　变配电所

培训目标

1. 了解电力系统的构成及变配电所的分类；
2. 熟悉变配电主要电气设备及基本操作要求。

一、电力系统的构成

电力系统是由发电厂、变配电所、电力线路及用户组成的统一体。如图 5-16 所示为电力系统示意图，发电厂发出电能的电压一般都在 22 kV 以下，由于低电压远距离输电会损耗大量的电能，因此需要经过升压变压器升高到 35～500 kV 输送。输电距离越长，输电电压就要越高。当电能输送到目的地后，需要经过两次降压，先要将电压降至 6～10 kV，输送到配电变压器，然后配电变压器将电压降至 220/380 V 后，输送到用户。

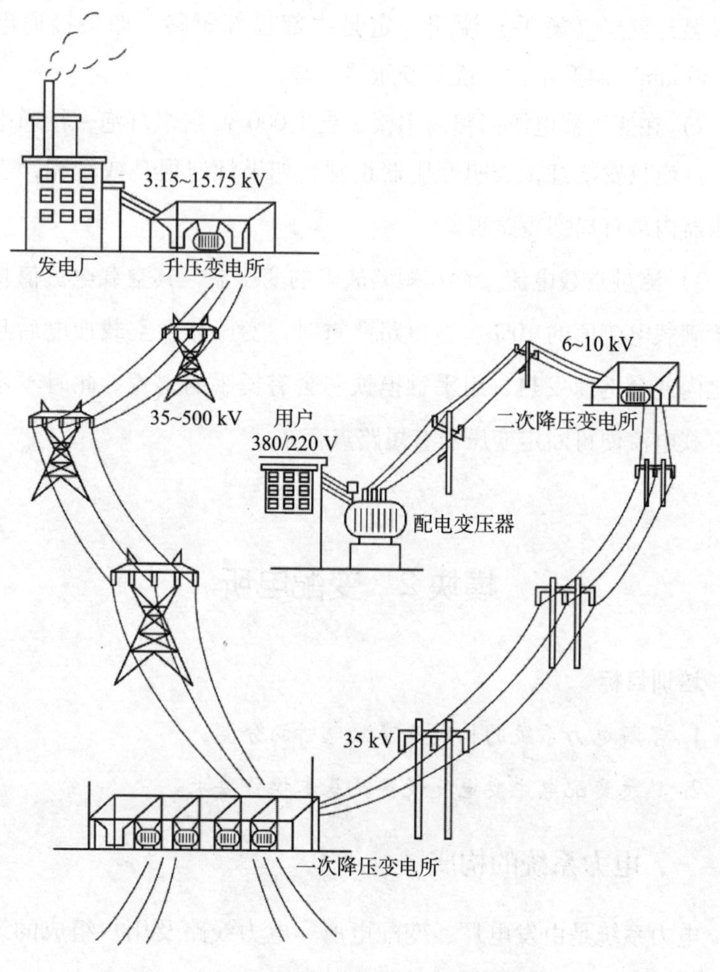

图 5-16 电力系统示意图

发电厂又称发电站，是将自然界蕴藏的各种一次能源（如水能、煤炭、石油等）转换成电能（二次能源）的工厂。发电厂按其所利用的能源不同，可分为火力发电、水力发电、核能发电等。此外，太阳能发电、风力发电、生物质能发电、地热发电、潮汐能发电等也正在被研究和利用。

二、变配电所的功能和分类

接受电能、变换电压和分配电能的场所，称为变电所；只接受和分配电能，而不承担变换电压任务的场所，称为配电所。对于低压供电用户，只需设立配电所。除了发电厂变电所将电压升高外，其余均为降压变、配电所。

1. 变电所的类型

变电所按照分类方式不同可分为以下几种，具体见表 5-2。

表 5-2　变电所的类型

分类方式	类型	说明
结构形式	室外	变压器、断路器等主要电气设备安装在室外，而仪表、继电保护装置及部分低压配电装置安装在室内。较高电压等级的变电所多为室外变电所
	室内	高低压主要电气设备均安装在室内，变压器、断路器均采用室内型。室内式变电所适用于市内居民集中的地区，其电压一般不超过 110 kV
	地下	电气设备基本置于地下建筑物中
	移动式	电气设备安装于列车或汽车上，多为临时向重要用电单位或施工单位供电
值班方式	有人	需有人值班
	无人	自动化程度高，可以进行遥控和遥测
供电范围	区域性	供电范围大，输配电容量大，电压等级高
	地方性	规模较小，工厂企业的变电所一般属于地方性变电所

2. 工厂变电所的组成

工厂变电所的高压配电电压多为 10 kV 或 6 kV，低压配电电压通常采用 380/220 V。工厂电力的输送与分配通过工厂变电所实现，工厂供配电系统由母线、开关、配电线路、变压器等组成。母线是指进户线与高压开关之间、高压开关与变压器之间、变压器与低压开关之间具有一定截面积的连接导体。一般采用矩形的铝母线或铝合金母线。工厂变电所的组成如图 5-17 所示。

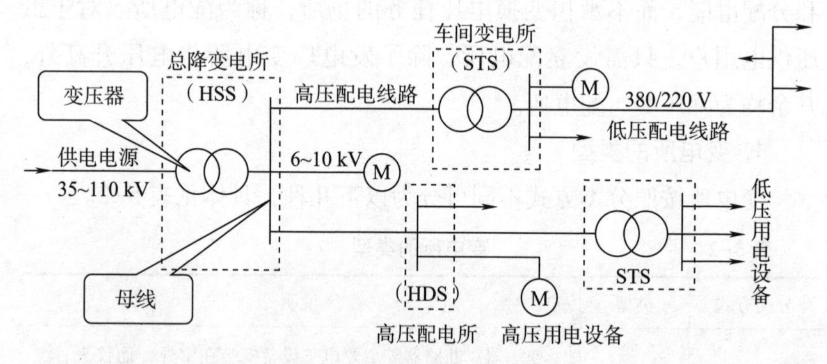

图 5-17　工厂变电所的组成

3. 工厂变电所的平面布置图

工厂变电所的电气设备按其电气特点分为三大部分：高压开关柜、低压配电盘和配电变压器。它们在变电所的位置如图 5-18 所示。

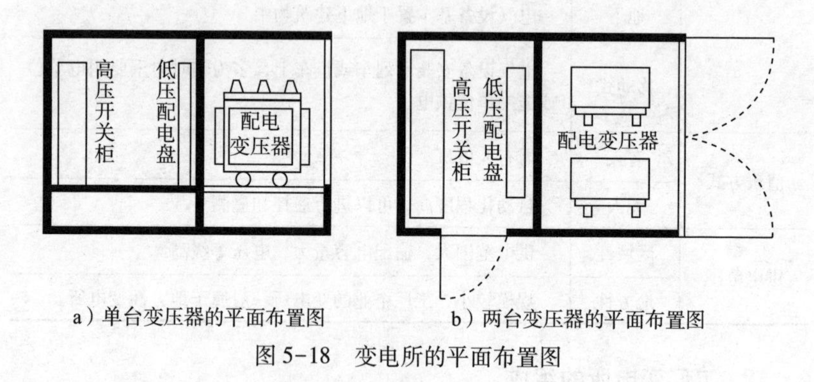

a）单台变压器的平面布置图　　b）两台变压器的平面布置图

图 5-18　变电所的平面布置图

三、工厂变电所主要电气设备

工厂变电所主要电气设备除了变压设备电力变压器外还有断路

器、隔离开关、负荷开关等配电设备。

1. 高压油断路器

高压油断路器简称断路器，它具有良好的灭弧作用，可以在带负载的状态下接通和切断高压电路。目前普遍使用的断路器是 SNl0-10 型少油断路器，如图 5-19 所示。

2. 高压隔离开关

高压隔离开关的主要作用是能够隔离高压电源，并保持明显可见的断开点。与断路器配合使用，可以改变运行的接线方式，还可接通和切断小电流电路。在检修设备时，使用隔离开关隔离高压电源，从而保证检修人员和设备的安全。隔离开关没有专门的灭弧装置，不能用来接通和切断负荷电流。常用的有 GN19 型（见图 5-20）、GN20 型隔离开关。

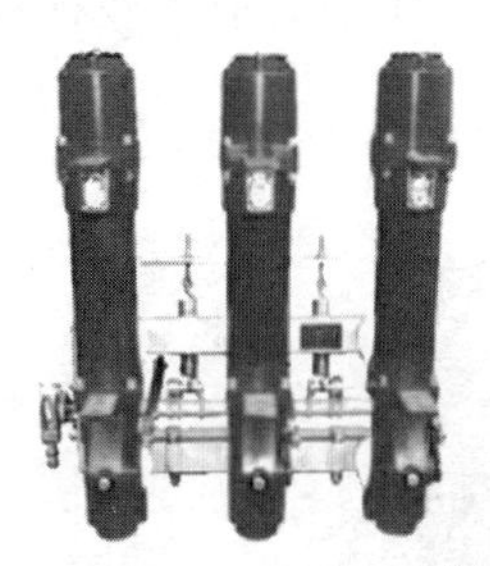
图 5-19　SNl0-10 型少油断路器

图 5-20　GN19 型户内式隔离开关

3. 高压负荷开关

高压负荷开关具有灭弧装置和快速分断机构，它可以接通和切断负荷电流，但是不能切断很大的短路电流。所以通常负荷开关与高压熔断器串联安装，由熔断器切断短路时的电流。常用的有 FN11 型、FN12 型负荷开关，如图 5-21 所示。

4. 高压开关柜

高压开关柜是电压在 10 kV 以内的工厂变电所中使用的成套配

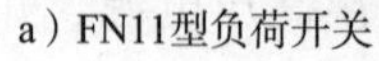

a）FN11型负荷开关　　b）FN12型负荷开关

图 5-21　高压负荷开关

电装置，它将油断路器、隔离开关、母线、避雷器、熔断器以及各种检测仪表、保护装置等组成一个整体，用来进行高压电能的分配，控制和保护电力变压器。高压开关柜的框架一般用薄钢板和角钢焊成，有固定式和手车式两种形式。常用的高压开关柜型号有 GG-1A 型（见图 5-22）、GG-7 型、GG-10 型等。

图 5-22　GG-1A 型高压开关柜

5. 低压配电盘、配电箱、配电柜

低压配电盘、配电箱、配电柜是变电所中二次电压在 500 V 以下的低压成套配电装置。设有刀开关、自动空气开关、保护装置和测量仪表。低压配电柜如图 5-23 所示。

图5-23　低压配电柜

四、变配电所基本操作要求

（1）倒闸操作必须填写操作票，且经主管部门负责人批准方可执行。

（2）进行室内操作，应戴好绝缘手套，站在绝缘垫（台或毯）上。

（3）进行户外操作，应戴好绝缘手套，穿绝缘靴和使用一定的安全用具（如登电杆进行高空作业应戴安全帽和系安全带等）。

（4）雨、雪、大雾天气在户外操作时，应使用带有特殊防护装置的高压绝缘棒和绝缘夹钳（如有防雨罩），无特殊防护装置的则禁止使用，雷雨天气时禁止操作。

（5）使用高压夹钳装卸高压熔断管时，应戴防护眼镜和绝缘手套，并站在绝缘垫上。

（6）变配电设备停电后，即使是事故停电，在未拉开有关电源开关和采取安全措施以前，也不得触及设备或进入遮栏，以防突然来电发生触电事故。

第6单元 室内配电线路的安装

模块1 导线的连接与绝缘恢复

培训目标

1. 熟悉常用绝缘材料及导线的分类；
2. 掌握常用导线的选择和使用方法；
3. 掌握导线的连接和绝缘恢复的方法。

一、常用绝缘材料的选择与使用

1. 绝缘材料的作用

绝缘材料用来隔离不同电位的导体或导体与地之间的电流，使电流仅沿导体流通。

2. 常用绝缘材料的种类及用途

常用绝缘材料的种类及用途见表6-1。

表6-1　　常用绝缘材料的种类及用途

名称	种类及用途
绝缘漆	绝缘漆是以高分子聚合物为基础，能在一定条件下固化成绝缘硬膜或绝缘整体的重要绝缘材料。绝缘漆一般由漆基溶剂（主要为合成树脂或天然树脂）、稀释剂、填料等组成。常用的绝缘漆分为浸渍漆、覆盖漆、硅钢片漆三种

续表

名称	种类及用途
浸渍纤维制品	浸渍纤维制品有浸渍纤维布、漆管和绑扎带三类。均由绝缘纤维材料为底材，浸以绝缘漆制成
电工层压制品	以有机纤维、无机纤维作底材，浸涂不同的胶黏剂，经热压或卷制而成的层状结构绝缘材料。可制成具有优良电气、力学性能和耐热、耐油、耐霉、耐电弧、防电晕等特性的制品。电工层压制品分为层压板、层压管和棒、电容器套管芯三类。常用的层压制品有3240环氧酚醛层压玻璃布板，3640环氧酚醛层压玻璃布管和3840环氧酚醛层压玻璃布棒，这三种制品适宜做电机的绝缘结构零件，都具有很好的电气性能和机械性能，耐油、耐潮，加工方便
压塑料	常用的压塑料有两种：4013酚醛木粉压塑料和4330酚醛玻璃纤维压塑料，它们都具有很好的电气性能、力学性能和防潮性能，尺寸稳定，适宜做电机电气的绝缘零件
云母制品	柔软云母板、塑料云母板、塑料云母带、换向器云母板、衬垫云母板
薄膜	薄膜要求厚度薄、柔韧性好，电气性能及力学性能好。绝缘薄膜由若干种高分子材料聚合而成，主要用作电机、电器线圈和电线电缆绕包绝缘以及用作电容器介质。常用的有6020聚酯薄膜，适用于电动机的槽绝缘、匝间绝缘、相间绝缘，以及其他电器产品线圈的绝缘
复合膜制品	复合膜制品要求电气性能和力学性能好。常用的有6520聚酯薄膜绝缘纸复合箔及6530聚酯玻璃漆箔，适用于电动机的槽绝缘、匝间绝缘、相间绝缘，以及其他电工产品线圈的绝缘

二、常用导线的选用

1. 常用电线、电缆

常用电线、电缆的类别、系列名称、型号字母和含义等见表6-2。

表 6-2　常用电线、电缆类别、系列名称、型号字母和含义

类别	系列名称	型号字母和含义
通用电线、电缆	（1）橡胶、塑料绝缘导线 （2）橡胶、塑料绝缘软线 （3）通用橡套电缆	B——绝缘布线 R——软线 Y——移动电缆
电机、电器用电线、电缆	（1）电动机、电器用引接线 （2）电焊机用电缆 （3）潜水电动机用防水橡套电缆	J——电机用引接线 YH——电焊机用的移动电缆 YHS——有防水橡套的移动电缆

2. 导线的正确选用

（1）导线线芯材料的选择。铜导线焊接性能和机械性能比铝导线好，常用于要求较高的场合；铝导线价格相对低廉，应用比较普遍。

（2）裸导线的选用。根据使用场合、负载电流的大小、经济指标等综合因素来确定导线的材质、外形及线径。例如：架空导线一般用钢芯铝导线，振动耐弯曲的场合用铜软接线。

（3）电气装备用电线、电缆的选用。电气装备用电线、电缆的选用见表 6-3。

表 6-3　电气装备用电线、电缆的选用

选用依据	方法
用途	根据是专用线还是通用线，是户内线还是户外线，是固定线还是移动线来选择电线电缆的类型
环境	（1）根据温度、湿度、散热条件选择线芯的长期允许工作温度 （2）按外力情况选择外护层机械强度参数 （3）根据有无腐蚀性气体、液体、油污的浸渍等选择耐化学腐蚀性 （4）按振动大小、弯曲状况来选择柔软性 （5）按是否预防电磁干扰选择是否用屏蔽线

续表

选用依据	方法
额定电压、电流值	（1）根据额定电压选择导线的电压等级 （2）根据负载电流选择截面积
经济指标	在满足要求的前提下，尽量降低成本，节省资源

（4）导线截面的选择。导线截面的选择有三种方法：一是根据导线发热条件选择；二是根据线路的机械强度条件选择；三是根据允许电压损失条件选择。

1）根据发热条件选择导线截面。安全载流量是指在不超过最高工作温度的条件下，允许长期通过的最大电流值。按安全载流量选择导线截面积时，若供电线路较长或线路上接有重载启动的电动机，必须校核线路的电压降是否超过下列允许值：在照明线路上两根线的电压降不得超过干线电压降的4%；动力线路为2%。若超过允许压降，应加大导线截面。为保证导线有一定的机械强度，接到设备上的铜芯导线最小截面为1.5 mm^2，铝线为2.5 mm^2。不同截面塑料绝缘导线的安全载流量见表6-4。根据发热条件选择导线截面的具体方法见表6-5。

表6-4　　塑料绝缘电线的安全载流量

截面积（mm^2）	电线线芯根数/单根直径（mm）	明线（A）		塑料管配线（A）					
				两根		三根		四根	
		铜	铝	铜	铝	铜	铝	铜	铝
1.0	1/1.13	17	—	10	—	10	—	9	—
1.5	1/1.37	21	16	14	11	13	10	11	9
2.5	1/1.76	28	22	21	16	18	14	17	12
4.0	1/2.24	37	28	27	21	24	19	22	17
6.0	1/2.73	48	37	36	27	31	23	28	22

续表

截面积（mm^2）	电线线芯根数/单根直径（mm）	明线（A）		塑料管配线（A）					
				两根		三根		四根	
		铜	铝	铜	铝	铜	铝	铜	铝
10	7/1.33	65	51	49	36	42	33	38	29
16	7/1.70	91	69	62	48	56	42	49	38
25	7/2.12	120	91	82	63	74	56	65	50
35	7/2.50	147	113	104	78	91	60	81	61
50	19/1.83	187	143	130	88	114	88	102	78
70	19/2.14	230	178	160	136	145	113	128	100
95	19/2.50	282	216	199	151	178	137	160	121

表 6-5　　根据发热条件选择导线截面的具体方法

电路类别	具体方法
动力部分	根据公式 $P=\sqrt{3}UI\cos\varphi$，若计算出的额定工作电流值为 92 A 左右，查表 6-4，并考虑经济指标等因素，可以选用 BV 系列（聚氯乙烯绝缘铜芯线），截面积为 25 mm^2的导线
照明部分	根据公式 $P=UI$，若计算出额定工作电流值为 23 A，查表 6-4，可以选用 BV 系列，截面积为 2.5 mm^2 的导线
电源部分	一般日常生活中的电路都是动力和照明的混合电路，因此可选用 BV 系列，截面积为 25 mm^2的导线

2）根据线路的机械强度选择导线截面。导线安装和运行中，要受到外力的影响，导线的自重和不同的敷设方式使导线受到不同的张力，如果所用导线不能承受所施加的张力，会造成断线事故。

3）根据电压损失条件选择导线截面。对于住宅用户，由变压器低压侧至线路末端，电压损失应小于 6%；正常情况下，电动机端电压与额定电压不得相差±5%。

注意：根据以上条件选择导线截面积的结果，在同样负载条件下可能得出不同的截面积数值，此时应选择其中最大的截面积。

三、导线绝缘层的剖削

导线线头绝缘层的剖削是导线加工的第一步，是为后续导线的连接做准备。电工必须学会用电工刀、钢丝钳或剥线钳来剖削导线绝缘层。

1. 塑料硬线绝缘层的剖削

绝缘层导线线芯截面积为 4 mm^2 及以下的塑料硬线，一般用钢丝钳进行剖削；绝缘层导线线芯截面积大于 4 mm^2 的塑料硬线，可用电工刀来剖削绝缘层。剖削方法见表 6-6。

表 6-6　　塑料硬线绝缘层的剖削

名称	图示	操作说明
钢丝钳剖削	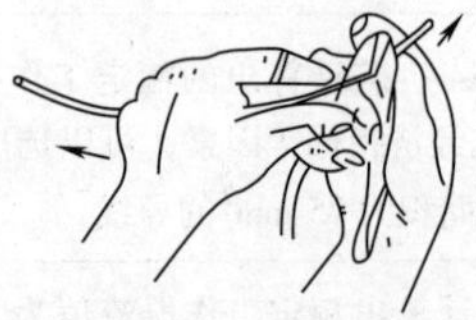	左手捏住导线，在需剖削线头处用钢丝钳刃口轻轻切破绝缘层，但不可切伤线芯，用左手拉紧导线，右手握住钢丝钳头部用力向外勒去塑料层
电工刀剥削	 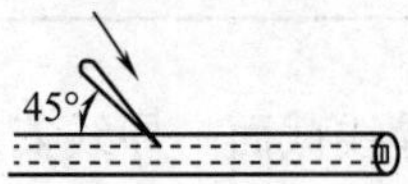 45°	在需剖削线头处，用电工刀以 45°角倾斜切入塑料绝缘层，注意刀口不能伤到线芯
	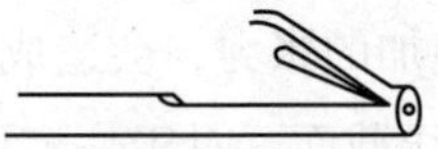	刀面与导线间的夹角保持在 25°左右，用刀向线端推削，只削去上面一层塑料绝缘层，不可切入线芯
	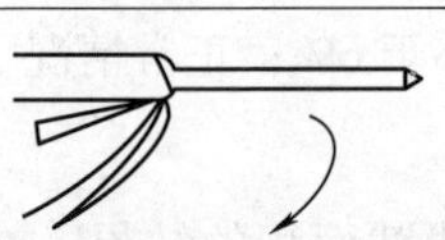	将余下的线头绝缘层向后扳翻，把该绝缘层剥离线芯

2. 塑料软线绝缘层的剖削

塑料软线绝缘层用剥线钳或钢丝钳剖削，不可用电工刀剖削，因为塑料软线由多股铜丝组成，用电工刀容易损伤线芯。用钢丝钳剖削塑料软线绝缘层的方法见表 6–7。

表 6–7　　用钢丝钳剖削塑料软线绝缘层的方法

图示	操作说明
所需长度	用左手拇指、食指捏紧线头，按连接所需长度定位，用钳头刃口轻轻切入绝缘层，注意不可切入线芯
	右手迅速移动握位，从柄部移至头部，并握住钢丝钳头部，左手食指缠绕一圈导线，然后攥拳捏住导线，两手同时反向用力，即可剥离端部绝缘层

3. 塑料护套线绝缘层的剖削

塑料护套线具有两层绝缘：护套层和每根线芯的绝缘层。塑料护套线绝缘层用电工刀剖削，剖削方法见表 6–8。

表 6–8　　用电工刀剖削塑料护套线绝缘层

图示	操作说明
	按所需线头长度，用电工刀刀尖对准护套线中间线芯缝隙处划开护套线 注意：如偏离线芯缝隙处，电工刀可能会划伤线芯

续表

图示	操作说明
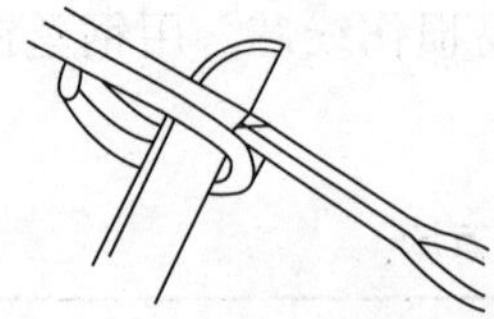	向后扳翻护套层，用电工刀把护套层齐根切去，然后在离护套层 5~10 mm 处，以 45°角倾斜切入绝缘层，剥削方法同塑料硬线

4. 橡皮线绝缘层的剖削

在橡皮线绝缘层外还有一层纤维编织保护层，一般用电工刀和钢丝钳配合剖削，剖削方法见表 6-9。

表 6-9　用电工刀和钢丝钳配合剖削橡皮线绝缘层

图示	操作说明
	从导线端头任意两芯线缝隙中割破部分橡皮护套层
	把已分开的护套层向外分拉，撕破护套层；当无法撕开护套层时，可用电工刀补割，直到所需长度为止
	在根部切断扳翻的护套层，将加固麻线扣结加固，而不应该剪去；每根线芯的绝缘层按所需长度用塑料软线的剥削方法进行剥削

5. 花线绝缘层的剖削

花线的结构比较复杂，多股铜质细芯线先由棉纱包扎层裹捆，接着是橡胶绝缘层，外面还套有棉织管（即保护层），一般用电工刀和钢丝钳配合剖削，剖削方法见表 6-10。

表 6-10　　用电工刀和钢丝钳配合剖削花线绝缘层

图示	操作说明
10	用电工刀在线头所需长度处将棉纱织物保护层四周切割一圈后将其拉去
	在距离棉纱织物保护层 10 mm 处，用钢丝钳按照剖削塑料软线的方法勒去橡胶层

四、导线的连接

当导线长度不够或需要分接支路时，需要将导线与导线连接。在去除了线头的绝缘层后，就可进行导线的连接。导线的接头是线路的薄弱环节，导线的连接质量关系着线路和电气设备运行的可靠性和安全程度。

导线连接的基本要求是：连接牢固可靠、接头电阻小、机械强度高、耐腐蚀、耐氧化、电气绝缘性能好。

1. 单股铜芯导线的直线连接

单股铜芯导线的直线连接步骤见表 6-11。

表 6-11　　单股铜芯导线的直线连接

步骤	图示	操作说明
1		绝缘剖削长度为芯线直径的 70 倍左右，并去掉氧化层，把两线头进行 X 形交叉，互相绞接 2~3 圈
2		扳直两线头

续表

步骤	图示	操作说明
3		将每个线头在芯线上贴紧并缠绕6圈，用钢丝钳剪掉剩余的芯线，并钳平芯线末端

2. 单股铜芯导线的T形分支连接

单股铜芯导线的T形分支连接的步骤见表6-12。

表6-12　单股铜芯导线的T形分支连接

步骤	图示	操作说明
1	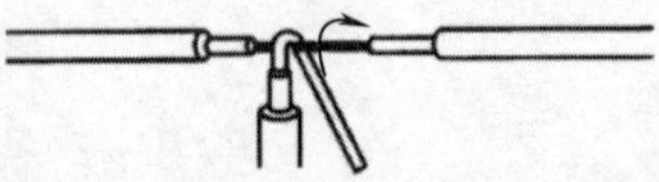	将分支芯线的线头与干芯线十字交叉，使支路芯线根部留出约3~5 mm，然后按顺时针方向缠绕支路芯线
2	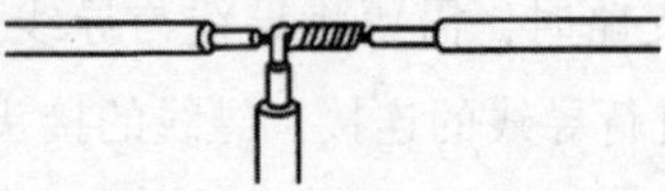	缠绕6~8圈后，用钢丝钳剪去余下的芯线，并钳平芯线末端

3. 七股铜芯导线的直线连接

七股铜芯导线的直线连接的步骤见表6-13。

表6-13　七股铜芯导线的直线连接

步骤	图示	操作说明
1	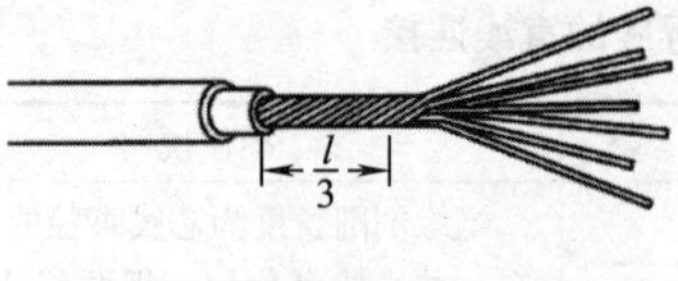 $\frac{l}{3}$	绝缘剖削长度应为导线直径的21倍左右，然后把芯线散开并拉直，把靠近根部的1/3线段的芯线绞紧，把余下的2/3芯线头分散成伞形，并将每根芯线拉直
2		把两个伞形芯线头隔根对叉，并拉平两端芯线

续表

步骤	图示	操作说明
3		把其中一端 7 股芯线按 2、2、3 根分成三组，接着把第一组 2 根芯线扳起，垂直于芯线并按顺时针方向缠绕
4		缠绕 2 圈后扳平余下的芯线，再将第二组 2 根芯线向上扳直，按顺时针方向紧紧压着前 2 根扳直的芯线缠绕
5		缠绕 2 圈后扳平余下的芯线，将第三组的 3 根芯线扳直，按顺时针方向压着前 4 根扳直的芯线缠绕
6		缠绕 3 圈后，切去多余芯线，钳平线端，用同样的方法再缠绕另一端芯线

4. 铝芯导线的连接

因为铝极易氧化，且铝氧化膜的电阻率很高，所以铝芯导线不宜采用铜芯导线的方法进行连接，铝芯导线常采用螺钉压接法和压接管压接法连接。

螺钉压接法适用于负荷较小的单股铝芯导线的连接，而压接管压接法适用于负荷较大的多根铝线的直接连接。

压接管压接法的基本操作步骤是：选择压接管→清除铝氧化层→将导线穿入压接管→压接，具体步骤见表 6–14。

表 6–14　　　　压接管压接铝芯导线

步骤	图示	操作说明
1		根据多股铝芯导线规格选择合适的铝压接管

续表

步骤	图示	操作说明
2		用钢丝刷清除铝芯表面和压接管内壁的铝氧化层，涂上一层中性凡士林
3		把两根铝芯导线线端相对穿入压接管，并将线端穿出压接管25~30 mm
4		用压接线钳进行压接时，第一道坑应在铝芯线断头端一侧，不可压在接续端一侧
5		压接后的铝芯线

5. 线头与接线桩的连接

在各种电器或电气装置上均有接线桩供连接导线用，常用的接线桩有针孔式和螺钉平压式两种。线头与接线桩的连接如图6-1所示。

(1) 线头与针孔式接线桩头的连接。在针孔式接线桩头上接线时，如果单股芯线与接线头插线孔大小适宜，只需把芯线插入针孔

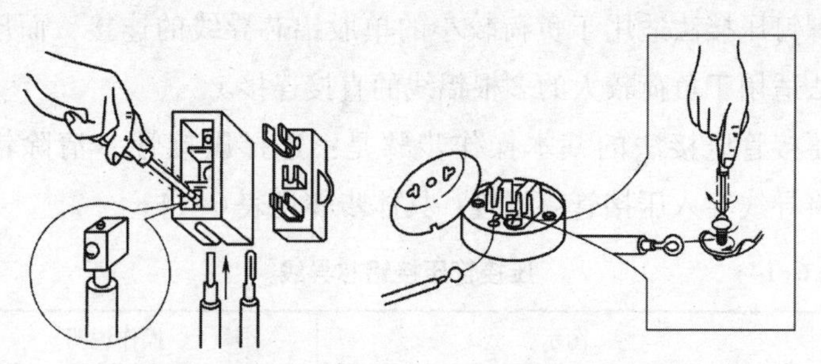

a）在针孔式接线桩头上接线　　b）在螺钉平压式桩头上接线

图6-1　线头与接线桩的连接

旋紧螺钉即可；如果单股芯线较细，则要把芯线折成双股后再插入针孔，如图 6-1a 所示；如果是多根细丝的软线芯线，必须将其绞紧后再插入针孔，切不可有细丝露在外面，以免发生短路事故。

（2）线头与螺钉平压式接线桩头的连接。在螺钉平压式接线桩头上接线时，如果是截面较小的单股芯线，则必须把线头弯成羊眼圈，羊眼圈弯曲的方向应与螺钉拧紧的方向一致，如图 6-1b 所示。截面较大的单股芯线与螺钉平压式接线桩头连接时，线头处须装上接线耳，由接线耳与接线桩连接。

五、导线绝缘层的恢复及注意事项

1. 导线绝缘层的恢复

导线连接后，必须恢复绝缘，并且要保证恢复后的绝缘强度不低于原来的绝缘层。通常用黄蜡带、涤纶薄膜带和黑胶带作为恢复绝缘的材料。黄蜡带和黑胶布宽度一般为 20 mm，包扎比较方便。

导线绝缘层恢复方法见表 6-15。

表 6-15　　导线的绝缘恢复

步骤	图示	操作说明
1	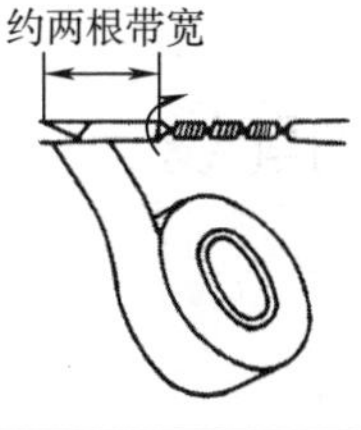 约两根带宽	将黄蜡带从导线左边完整的绝缘层上开始包扎，包扎约两个带宽后方可进入无绝缘层的芯线部分
2	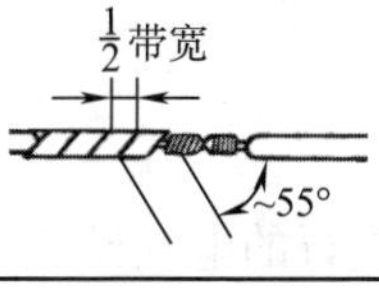 $\frac{1}{2}$带宽 ~55°	包扎时黄蜡带与导线保持约 55° 的倾斜角，每圈压叠带宽的 1/2。注意各层之间要紧密相接，不可露出芯线

续表

步骤	图示	操作说明
3	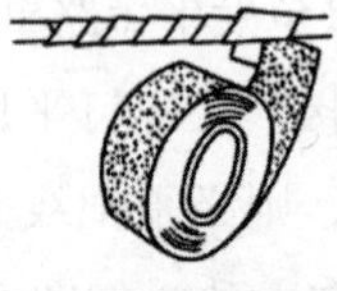	包扎一层黄蜡带后，将黑胶布接在黄蜡带的尾端
4		按与黄蜡带相反的方向斜叠包扎一层黑胶布，每圈同样压叠带宽的1/2

2. 绝缘恢复时的注意事项

（1）绝缘带不可存放于温度高的地方，也不可被油类浸染。

（2）绝缘带包扎时，各层之间要紧密相接，不能稀疏，更不可漏出芯线。

（3）在380 V线路上恢复导线绝缘时，需包扎1、2层黄蜡带，然后再包1层黑胶布。

（4）在220 V线路上恢复导线绝缘时，先包扎1、2层黄蜡带，然后再包1层黑胶布；或者只包2层黑胶布。

模块2 常见的室内配线

培训目标

1. 了解室内配电线路的安装类型；
2. 掌握常用室内配电线路的安装方法。

室内线路的安装主要是指在建筑物内进行的电气设备安装和配线工作。室内线路的敷设方法有明线安装和暗线安装两种。将导线沿墙壁、天花板、梁或柱子等敷设称为明线安装。将导线穿管暗设在墙内、梁内、柱内、地面内、楼板内或装设在顶棚内称为暗线安装。

常见的明线安装包括塑料线槽配线、塑料护套线配线、线管配线、绝缘子配线等。

一、塑料线槽配线

1. 常用的塑料线槽

线槽配线是把绝缘导线放在线槽内，外加盖板把导线盖上。线槽配线整齐、美观、价格实惠。以常用塑料线槽 806 系列为例，线槽宽度有 25 mm、40 mm、60 mm、80 mm 四种，型号分别为 VXC—25 和 VXC—40 等。其中，宽 25 mm 线槽的槽底有两种形式：一种为普通型，底为平面；另一种底部有两道隔楞，即三线槽。806 系列塑料线槽型号及应用见表 6–16。

表 6–16　　　806 系列塑料线槽型号及应用

型号	图示	应用场合
VXC—25S 型	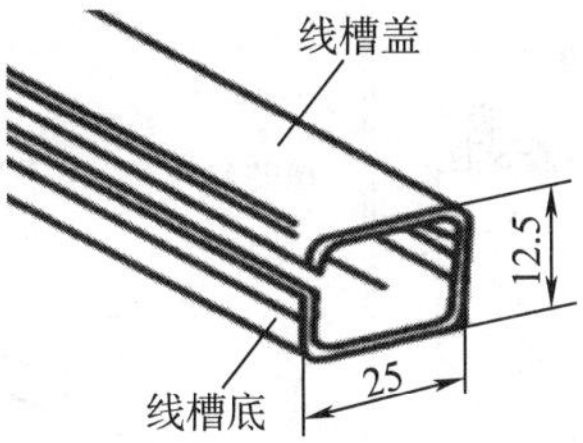 线槽盖 12.5 25 线槽底	照明线路敷设
VXC—40~80 型	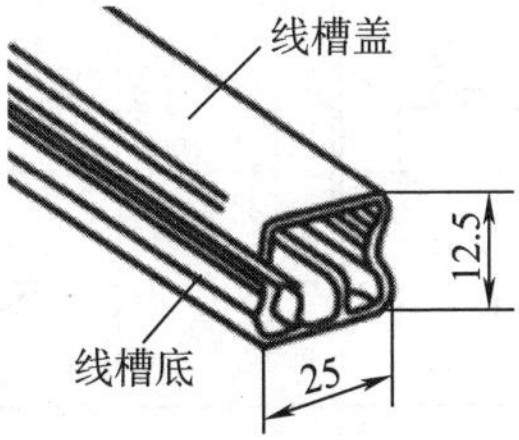 线槽盖 12.5 线槽底 25	动力线路敷设

2. 塑料线槽配线的基本操作步骤

（1）画线定位。塑料线槽安装前，要确定接线盒、开关盒、插座盒及灯头盒的安装位置，并确定线路的始端和终端，用粉袋沿墙和顶棚等处弹出线路的中心线，做到平直、美观。

（2）固定槽底。先用手锯锯槽底，尽量使交接处的拼缝吻合、间隙小、美观。然后固定槽底，槽底可用塑料胀管和半圆头木螺钉固定，也可用木螺钉固定在木砖上，还可用伞形螺栓安装在墙壁上。固定点的间距要求直线段为500～1 000 mm；离线槽的首端、终端、分支、转角、接头、进出接线盒处应小于50 mm。敷设分支、转弯等处可通过平三通、直转角、阴角、阳角、十字通等附件来实现连接；安装中各种附件的规格应和线槽的规格配套。

各种固定方式安装示意见表6-17。

表6-17　固定槽底安装示意

固定方式	图示	固定方式	图示
用塑料胀管安装	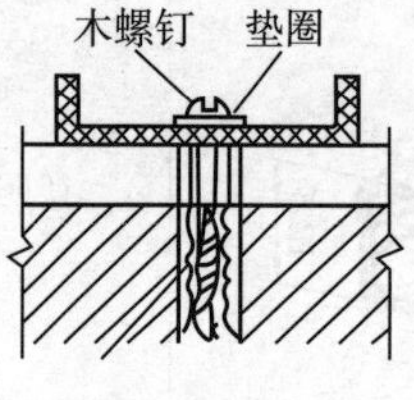 木螺钉　垫圈	单线槽使用	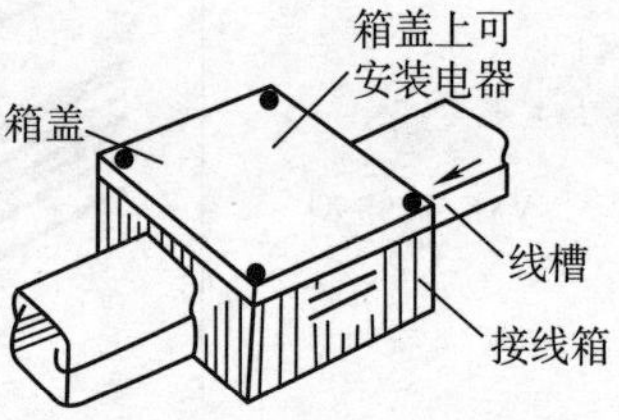 箱盖上可安装电器　箱盖　线槽　接线箱
用木砖安装	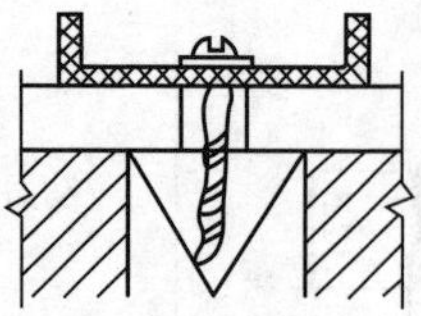	双线槽并列使用	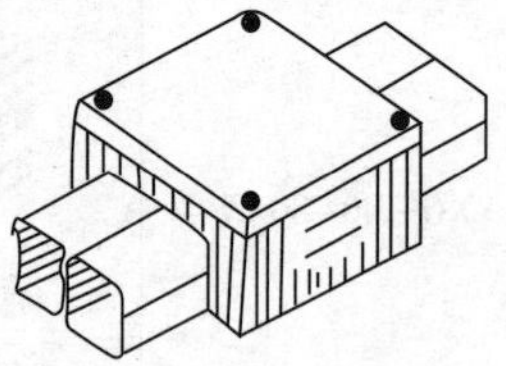

续表

固定方式	图示	固定方式	图示
用伞形螺栓安装	螺钉 石膏壁板 伞形螺栓	线槽与接线箱配用	

（3）配线。强、弱电线路不应敷设于同一线槽内，电线在线槽内不得有分支接头，分支接头应布置在接线盒内，塑料线槽允许容纳的电线、电缆数量见表 6-18。

表 6-18　　　塑料线槽允许容纳的电线、电缆数量

导线截面积（mm^2）	BV，BLV 型聚氯乙烯绝缘导线（耐压 500 V）线槽底宽（mm）				
	两根单芯	三根单芯	四根单芯	五根单芯	六根单芯
1	25	25	25	25	25
1.5	25	25	25	25	25
2.5	25	25	25	25	25
4	25	25	25	25	40
6	25	25	25	40	40
10	25	40	40	40	40
16	40	40	40	40	40
25	40	40	60	60	80
35	40	40	60	80	80
50	40	60	80	80	80

（4）盖槽盖。配线完后将槽盖合上，注意槽盖的接缝和槽底的接缝应错开一定的距离。

3. 注意事项

（1）锯槽底和槽盖拐角方向要相同。

（2）固定槽底时要钻孔，以免线槽裂开。

（3）使用手锯时，应避免锯片折断伤人。

二、塑料护套线配线

塑料护套线是一种将双芯或多芯绝缘导线并在一起，外加塑料保护层的双绝缘导线，它具有防潮、耐酸、耐腐蚀及安装方便等性能，广泛用于家庭、办公室等室内配线中。塑料护套线一般用塑料压线卡作为导线的支持物直接敷设在建筑物的墙壁表面，有时也可直接敷设在空心楼板中。如图6-2所示为护套线和常用塑料压线卡。

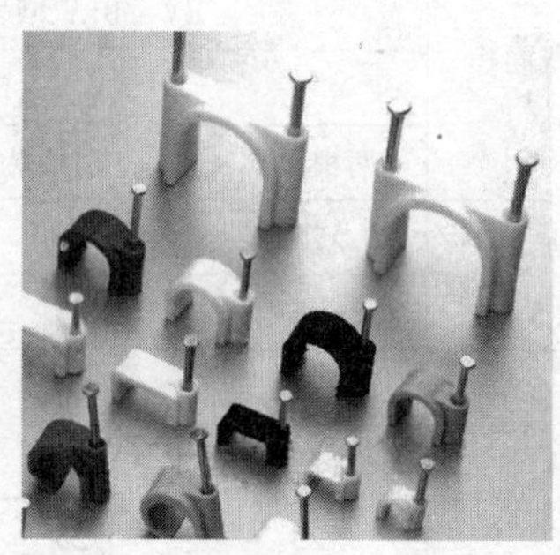

图6-2　护套线和常用塑料压线卡

1. 塑料护套线配线的基本操作步骤

（1）画线定位。先根据各电器的安装位置确定好线路的走向，然后用弹线袋画线。按护套线的安装要求，通常直线部分取150～300 mm，其他各种情况取50～100 mm，划出固定塑料压线卡的位置，距开关、插座和灯具的木台50 mm处都需设置塑料压线卡的固定点。塑料护套线的固定与间距见表6-19。

表 6-19　　塑料护套线的固定与间距　　mm

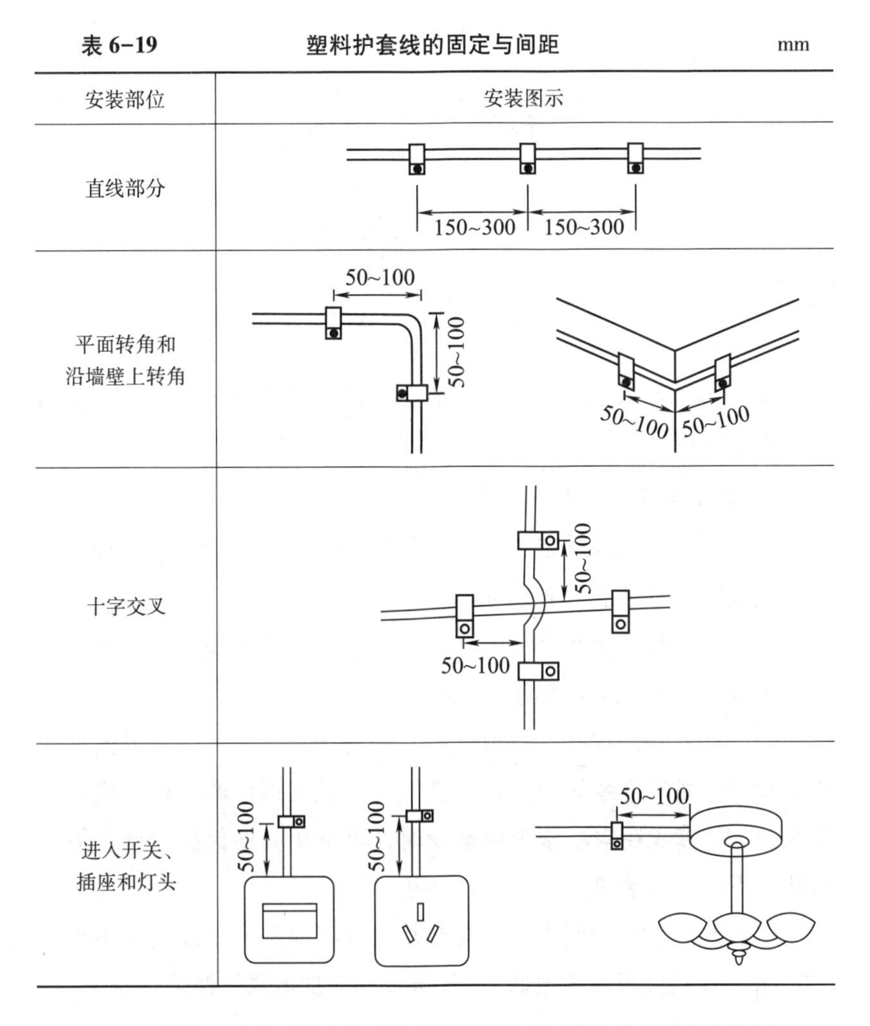

安装部位	安装图示
直线部分	
平面转角和沿墙壁上转角	
十字交叉	
进入开关、插座和灯头	

（2）塑料压线卡的固定。塑料压线卡的固定应根据具体情况而定。在木质结构、涂灰层的墙上，选择适当的塑料压线卡钉牢，如图 6-3 所示。在混凝土结构上，可用小水泥钉钉牢，也可采用环氧树脂粘接。

（3）敷设导线。护套线敷设时必须横平竖直。为了使护套线敷设得平直，敷线时先把护套线一端固定，然后拉直并在收紧护套线

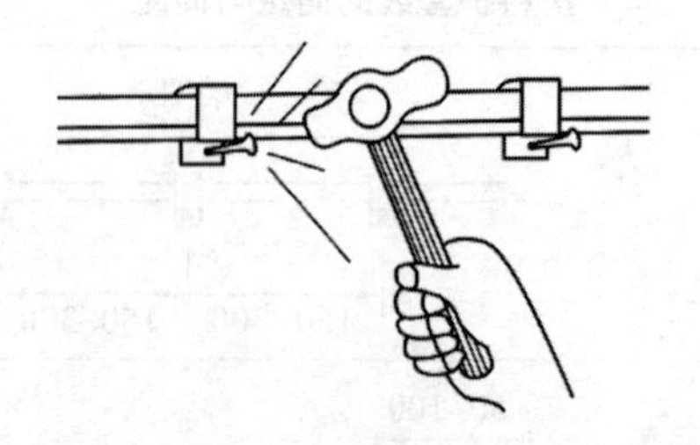

图 6-3　固定塑料线卡

后每隔150~300 mm固定一处，护套线转弯时应成小弧形，不能用力硬弯成直角。

2. 护套线敷设的注意事项

（1）护套线截面的选择。室内铜芯线截面积不得小于0.5 mm^2，铝芯线截面积不得小于1.5 mm^2。

（2）护套线与接线盒或电气设备的连接。护套线进入接线盒或电气设备时，护套层必须随之进入。

（3）护套线的保护。当敷设护套线与接地体、发热管道接近或交叉时，应加强绝缘保护。对于容易产生机械损伤的部位，应穿钢管保护。护套线在空心楼板内敷设时，可不用其他保护措施，但楼板孔内不应有积水和损伤导线的杂物。

（4）线路高度的要求。护套线敷设处离地面最小高度应不小于500 mm，穿越楼板及离地低于150 mm的应加电线管保护。

三、线管配线

把绝缘导线穿在管内配线称为线管配线。线管配线有耐潮湿、耐腐蚀、导线不易遭受机械损伤等优点；但安装和维修不便，且造价较高。线管配线适用于室内外照明和动力线路的配线。

线管配线有明配线和暗配线两种。明配线是把线管敷设在墙上以及其他明露处，要求配线横平竖直、管路短、弯头少。暗配线是把线管埋设在墙内以及其他看不见的地方，不要求横平竖直，只要求管路短、弯头少。

1. 线管的选择

（1）根据敷设场所选择线管的类型。在潮湿和有腐蚀气体的场所，一般采用管壁较厚的铁管（又称水煤气管）；在干燥、腐蚀性较大的场所，一般采用硬塑料管。

（2）根据穿管导线截面积和根数来选择线管的管径。一般要求穿管导线的总截面积（包括绝缘层）应不超过线管内截面积的 40%。单芯绝缘导线穿水煤气管管径选用见表 6-20，单芯绝缘导线穿硬塑料管管径选用见表 6-21。

表 6-20　　单芯绝缘导线穿水煤气管管径选用　　mm

导线截面积（mm^2）	导线根数			
	2 根	3 根	4 根	5 根
1.5	15	15	15	20
2.5	15	15	20	20
4	15	20	20	20
6	20	20	20	20
10	20	25	25	32
25	32	32	40	40
35	32	40	50	50
50	40	50	50	70
70	50	50	70	70
95	50	50	70	70
120	70	70	80	80

表6-21　　单芯绝缘导线穿硬塑料管管径选用　　mm

导线截面积（mm^2）	导线根数			
	2根	3根	4根	5根
1.5	20	20	20	25
2.5	20	20	25	25
4	20	20	25	25
6	20	20	25	32
10	25	32	32	48
25	32	40	—	—
35	40	40	—	—

2. 管材的加工

（1）除锈和涂漆。敷设前，应将已选用的钢管内外的灰渣、油污与锈块等予以清除。为了防止除锈后重新氧化，涂漆应迅速。

（2）钢管的锯割。敷设电线的钢管一般都用钢锯锯割。下锯时，锯要扶正；向前推动时应适度加压力，但不得用力过猛，以防折断锯条；回拉钢锯时，应稍微抬起，减少锯条的磨损；管子将要锯断时，要放慢速度，使断口平整；锯断后用半圆锉锉掉管口内侧的毛刺和棱角，以免穿线时割伤导线。

（3）弯管。线管的敷设应尽量减少弯曲，以方便穿线。管子的弯曲角度应不小于90°。明管敷设时管子的曲率半径 $R\geqslant 4d$（d 为管子外径）；暗管敷设时，管子的曲率半径 $R\geqslant 6d$，夹角 θ 不小于90°，钢管的弯曲角度如图6-4所示。

常用弯管工具有管弯管器和滑轮弯管器，其结构及应用见表6-22。

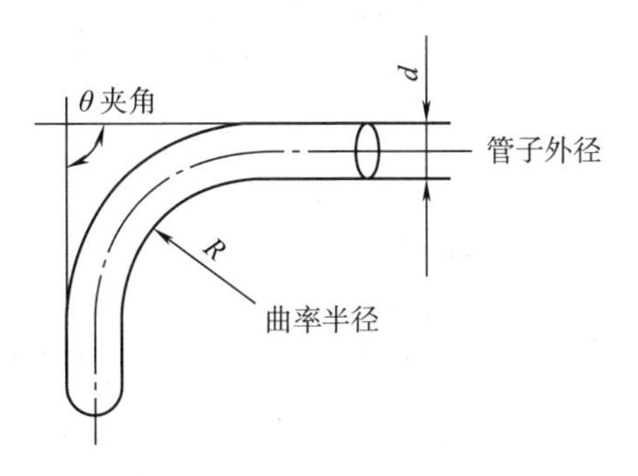

图 6-4　钢管的弯曲角度

表 6-22　　管弯管器和滑轮弯管器的结构及应用

管弯管器	滑轮弯管器
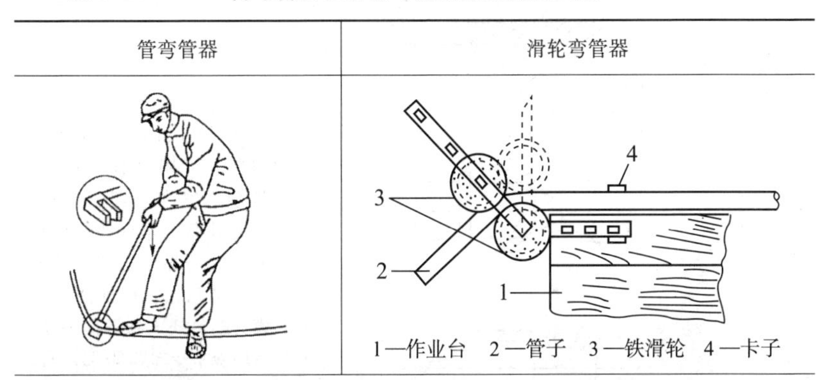	1—作业台　2—管子　3—铁滑轮　4—卡子
弯曲壁薄且直径较大的线管时，管内应灌满沙子；若采用热弯曲，管内则应灌满干沙并在管的两端塞上木塞。为防止有缝管在弯曲时裂开，弯管时接缝面应放在弯曲面的侧面	

3. 线管的连接

无论是明敷还是暗敷，特别是在需防潮、防爆的环境中，线管与线管之间最好采用管箍连接。为保证管接口的严密性，螺纹部分应缠麻纱并涂上白漆，再用管钳拧紧。线管与接线盒等连接时，应在接线盒内、外各用一锁紧螺母夹紧。线管连接类型及方法见表 6-23。

表 6-23　　线管连接类型及方法

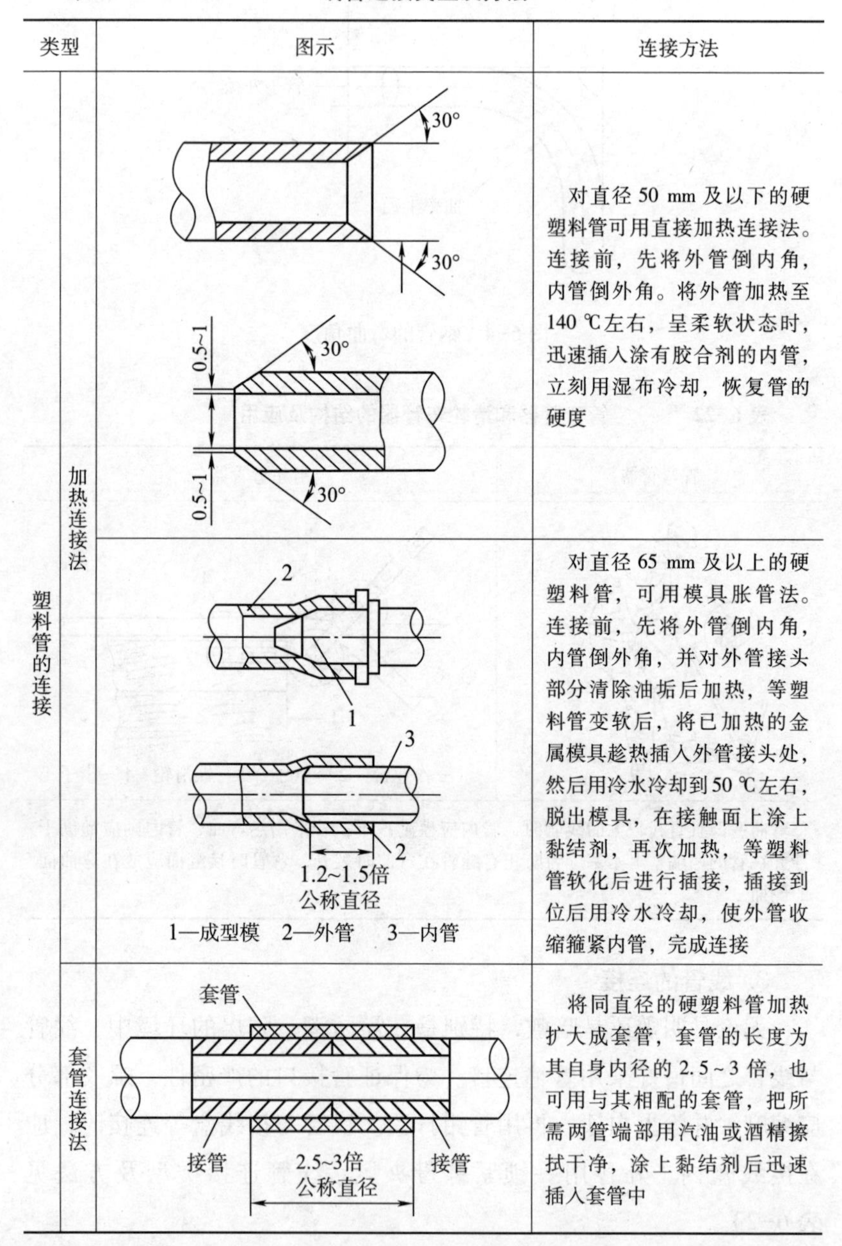

类型		图示	连接方法
塑料管的连接	加热连接法		对直径 50 mm 及以下的硬塑料管可用直接加热连接法。连接前，先将外管倒内角，内管倒外角。将外管加热至 140 ℃左右，呈柔软状态时，迅速插入涂有胶合剂的内管，立刻用湿布冷却，恢复管的硬度
		1—成型模　2—外管　3—内管	对直径 65 mm 及以上的硬塑料管，可用模具胀管法。连接前，先将外管倒内角，内管倒外角，并对外管接头部分清除油垢后加热，等塑料管变软后，将已加热的金属模具趁热插入外管接头处，然后用冷水冷却到 50 ℃左右，脱出模具，在接触面上涂上黏结剂，再次加热，等塑料管软化后进行插接，插接到位后用冷水冷却，使外管收缩箍紧内管，完成连接
	套管连接法		将同直径的硬塑料管加热扩大成套管，套管的长度为其自身内径的 2.5～3 倍，也可用与其相配的套管，把所需两管端部用汽油或酒精擦拭干净，涂上黏结剂后迅速插入套管中

续表

<table>
<tr><th colspan="2">类型</th><th>图示</th><th>连接方法</th></tr>
<tr><td rowspan="2">钢管的连接</td><td>管箍连接法</td><td>1—钢管　2—管箍</td><td>用管箍连接钢管，为了保证钢管接口的严密性，管子螺纹部分应顺螺纹方向缠上麻丝，并在麻丝上涂一层白漆，然后拧紧，并使两端面吻合</td></tr>
<tr><td>钢管接地</td><td>1—钢管　2—管箍　3—跨接线</td><td>用钢管配线必须可靠接地。为此，在钢管与钢管、钢管与接线盒及配电箱连接处，可用 $\phi6\sim10$ mm 的圆钢制成的跨接线连接</td></tr>
</table>

4. 线管的敷设及固定

（1）明管敷设的顺序和工艺

1）明管敷设的一般顺序。按施工图确定电气设备的安装位置，划出管道走向中心交叉位置，并埋设支撑钢管的紧固件。在紧固件上固定并连接钢管，将钢管、接线盒、灯具或其他设备连成整体，并使管中系统妥善接地。

2）明管敷设的基本工艺。明管敷设要求整齐美观、安全可靠。沿建筑物敷设要横平竖直，固定点直线距离应均匀。

（2）暗管敷设的工艺

1）在浇混凝土楼板内敷设。在现浇混凝土楼板内敷设钢管，应在浇灌混凝土前进行。用石（砖）块在楼板上将钢管垫高 15 mm 以上，使钢管与混凝土模板保持一定距离，然后用铁丝将其固定在钢筋上，或用钉子将其固定在模板上。如图 6-5 所示为在混凝土楼板内固定暗管的示意图。

2）在砖墙内敷。在砖墙内敷设钢管应在土建砌砖时预埋，边砌

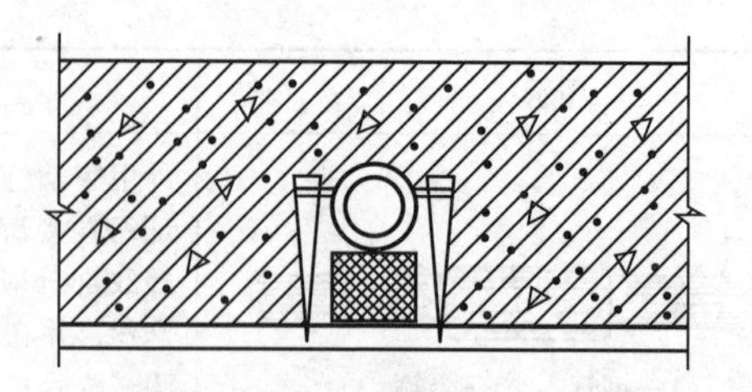

图6-5　在混凝土楼板内固定暗管

砖边预埋，并用砖屑、水泥砂浆将管子塞紧。砌砖时若不预埋钢管，应在墙体上预留管槽或凿打管槽，并在钢管的固定点预埋木榫，在木榫上钉入钉子，敷设时将钢管用铁丝绑在钉子上，再将钉子进一步打入木榫，使管子与槽壁紧贴，最后用水泥砂浆覆盖槽口，恢复建筑物表面的平整。

3）在地下敷设。在地下敷设钢管，应在浇灌混凝土前将钢管固定。其方法是先将木桩或圆钢打入地下泥土中，用铁丝将钢管绑在这些支撑物上，下面用石块或砖块垫高，距离土面15~20 mm，再浇灌混凝土，使钢管位于混凝土内部，以避免潮气的腐蚀。

4）在楼板内敷设。在楼板内敷设钢管，由于楼板厚度的限制，对钢管外径的选择有一定要求：楼板厚80 mm时，钢管外径应小于40 mm；楼板厚120 mm时，钢管外径不得超过50 mm。注意，浇灌混凝土前，应在灯头盒或接线盒的设计位置预埋木砖，待混凝土固化后，再取出木砖，装入接线盒或灯头盒。如图6-6所示为在未浇注混凝土前预埋木砖示意图。

（3）线管的固定。明敷线管采用管卡固定，固定位置一般设在离接线盒、配电箱及穿墙管等100~300 mm处和线管弯头的两边。根据线管的直径和壁厚的不同，直线上的管卡间距为1~3.5 m。如图6-7所示为管线线路的敷设方法及管卡的定位。

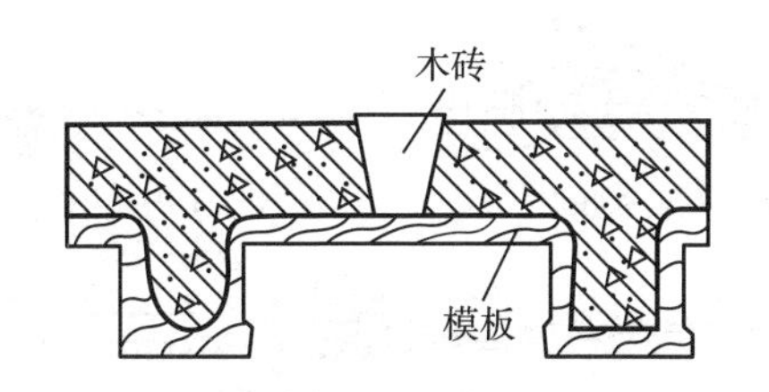

图6-6　在未浇注混凝土前预埋木砖

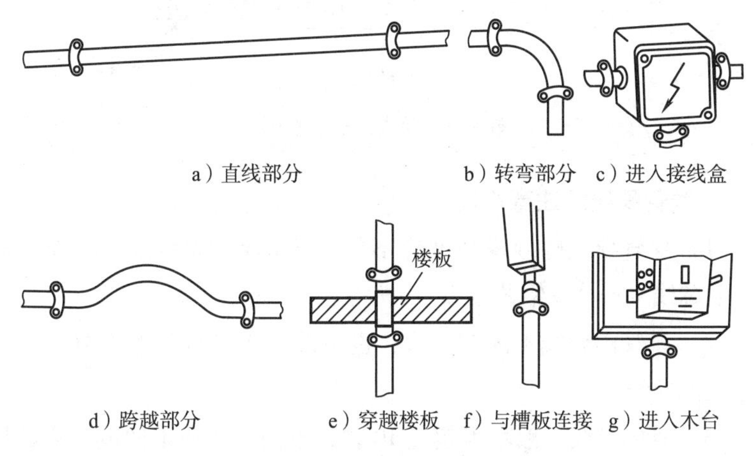

a）直线部分　b）转弯部分　c）进入接线盒

d）跨越部分　e）穿越楼板　f）与槽板连接　g）进入木台

图6-7　管线线路的敷设方法及管卡的定位

5. 电线管穿线

（1）穿线前的准备。穿线前应做好管内的清扫工作，扫除残留在管内的杂物和水分。选用粗细合适的钢丝做引线，将钢丝引线由一端穿入另一端有困难时，可由两端各穿入一根带钩钢丝，当两引线钩在管中相遇时，转动引线使两钩相接，由一端拉出完成引线入管工作。

（2）穿线。导线穿入线管前，应先在线管口套上橡胶或塑料护圈。按线管长度加上两端余量截取导线，剖削导线端部绝缘层，绑扎好引线和导线头，一端慢送导线，另一端慢拉引线，来完成导线穿管工作。最后用白布带或绝缘带包扎好管口。穿线方法示意图如图6-8所示。

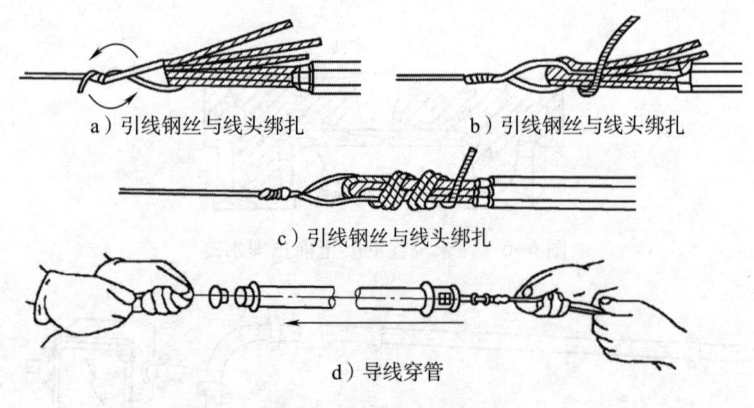

图6-8　穿线方法示意图

6. 线管配线的注意事项

（1）穿管导线的绝缘强度应不低于500 V，导线最小截面积规定为铜芯线1 mm^2，铝芯线2.5 mm^2。

（2）线管内导线不准有接头，也不准穿入经过包缠恢复绝缘的绝缘破损导线。

（3）管内导线一般不得超过10根，不同电压或不同电能表的导线不得穿在同一根线管内。但一台电动机包括控制和信号回路的所有导线，以及同一台设备的多台电动机的导线允许穿在同一根线管内。

（4）除直流回路导线和接地线外，不得在钢管内穿单根导线。

（5）线管转弯时，应采用弯曲线管的方法，不宜采用制成品的月亮弯，以免造成管口连接处过多。

（6）线管线路应尽可能减少转角或弯曲，因为转角越多，穿线越困难。为便于穿线，规定线管长度应满足下列要求，否则应加装接线盒。

1）无弯曲转角时，线管长度不超过45 m。

2）有一个弯曲转角时，线管长度不超过30 m。

3）有两个弯曲转角时，线管长度不超过20 m。

4）有三个弯曲转角时，线管长度不超过 12 m。

（7）在混凝土内敷设的线管，必须使用壁厚为 3 mm 的电线管。当电线管的外径超过混凝土厚度的 1/3 时，不准将电线管埋在混凝土内，以免影响混凝土的强度。

四、绝缘子配线

绝缘子配线用于负荷较大、线路较长的场所。绝缘子分为鼓形绝缘子、蝶式绝缘子、针式绝缘子、悬式绝缘子等几种，外形见表 6-24。鼓形绝缘子适用于较细导线的配线；导线较粗时一般采用其他几种绝缘子配线。

表 6-24　　绝缘子的种类

鼓形绝缘子	蝶式绝缘子	针式绝缘子	悬式绝缘子
			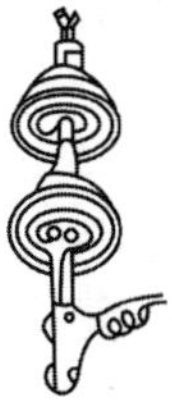

1. 绝缘子配线的方法

（1）定位。定位工作应在土建未抹灰前进行。首先按施工图确定灯具、开关、插座和配电箱等电气设备的安装地点，然后再确定导线的敷设位置、穿过墙壁和楼板的位置，以及起始、转角和终端绝缘子的固定位置，最后确定中间绝缘子的安装位置。

（2）划线。应尽可能沿房屋线脚、墙角等处用铅笔或粉袋划出安装线路，并在每个电气设备固定点中心处划一个“×”号。

（3）凿眼。按划线所定位置进行凿眼。在砖墙上凿眼时，可采用小扁凿或冲击钻；在混凝土结构上凿眼时，可用麻线凿或冲击钻；

在墙上凿穿通孔时，可用长凿，在快要打通时要减小锤击力，以免将墙壁的另一面打掉大块的墙皮。

（4）安装木榫或埋设缠有铁丝的木螺钉。所有的孔眼凿好后，可在孔眼中安装木榫或埋设缠有铁丝的木螺钉。埋设时，先在孔眼内洒水淋湿，然后将缠有铁丝的木螺钉用水泥嵌入凿好的孔中，当灰浆干燥至一定硬度后旋出木螺钉，为以后安装绝缘子等元件备用。

（5）埋设穿墙瓷管或过楼板钢管。最好在土建砌墙时预埋穿墙瓷管或过楼板钢管；过梁或其他混凝土结构预埋瓷管，应在土建铺模板时进行。预埋时可先用竹管或塑料管代替，待土建拆去模板刮糙后，将竹管除去换上瓷管；若采用塑料管，可直接代替瓷管使用。

（6）绝缘子的固定。绝缘子的固定方法见表6-25。

表6-25　绝缘子的固定方法

位置	图示	固定方法
木结构	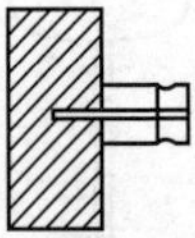	固定鼓形绝缘子，可用木螺钉直接拧入
砖墙	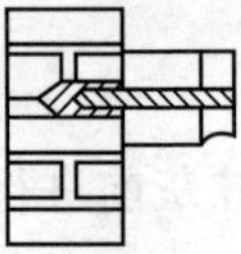	利用预埋的木榫和木螺钉固定鼓形绝缘子
	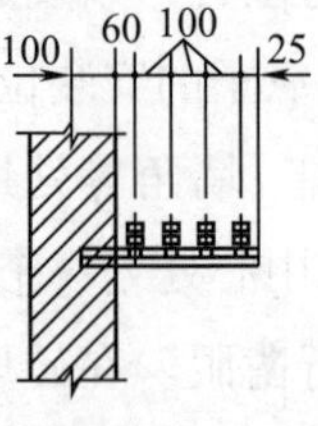 100　60　100　25	（1）用预埋支架和螺栓固定鼓形绝缘子、蝶式绝缘子和针式绝缘子 （2）用缠有铁丝的木螺钉和膨胀螺栓固定鼓形绝缘子

续表

位置	图示	固定方法
混凝土墙面		（1）用缠有铁丝的木螺钉和膨胀螺栓固定鼓形绝缘子 （2）用预埋的支架和螺栓来固定鼓形绝缘子、蝶式绝缘子或针式绝缘子 （3）用环氧树脂黏结剂来固定绝缘子

（7）导线的敷设及绑扎。在绝缘子上敷设导线时应从一端开始，只将一端的导线绑扎在绝缘子的颈部；如果导线弯曲，应事先矫直，然后将导线的另一端收紧并绑扎固定；最后把中间导线也绑扎固定。导线在绝缘子上绑扎固定的方法见表 6-26，绑扎线的线径和绑扎圈数见表 6-27。

表 6-26　　导线在绝缘子上绑扎固定的方法

类型	固定方法	图示
终端导线的绑扎	导线的终端可用回头线绑扎，绑扎线宜用绝缘线	
直线段导线与鼓形绝缘子、蝶式绝缘子的绑扎	直线段导线一般可采用单绑法或双绑法，单绑法步骤如右图所示（从左到右）	
	截面积为 10 mm^2 及以上的导线多采用双绑法，步骤如右图所示（从左到右）	
平行导线在绝缘子上的绑扎	两根平行的导线应放在两绝缘子的同一侧或绝缘子的外侧，不能放在两绝缘子的内侧	

表 6-27　绑扎线的线径和绑扎圈数

导线截面积（mm^2）	绑扎线的直径（mm）			绑扎圈数	
	纱包铁芯线	铜芯线	铝芯线	公圈数	单圈数
1.5~10	0.8	1.0	2.0	10	5
10~35	0.89	1.4	2.0	12	5
50~70	1.2	2.0	2.6	16	5
95~120	1.24	2.6	3.0	20	5

2. 绝缘子绑扎的注意事项

绝缘子绑扎的注意事项见表6-28。

表 6-28　绝缘子绑扎的注意事项

注意事项	图示
在建筑物的侧面或斜面配线时，必须将导线绑扎在绝缘子上方	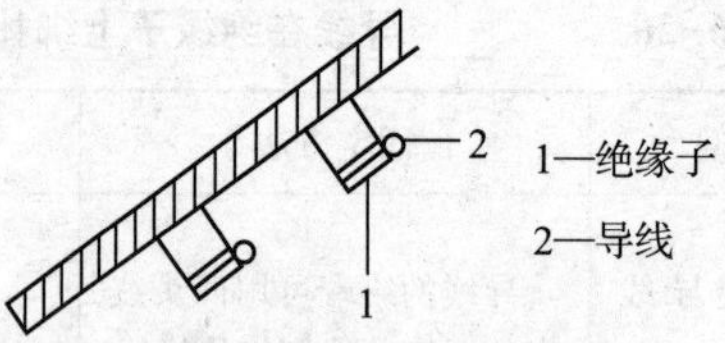 1—绝缘子 2—导线
导线在同一平面内，如有弯曲时，绝缘子必须装设在导线曲折角的内侧	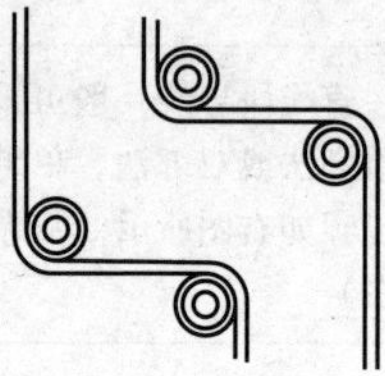
导线在不同的平面内弯曲时，在凸角的两面上应装上两个绝缘子	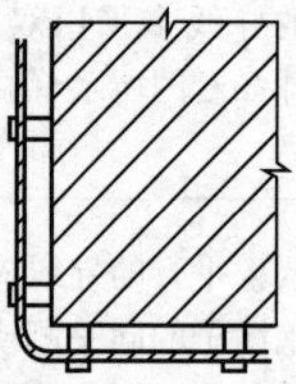

续表

注意事项	图示
导线分支时，必须在分支点处设置绝缘子，用以支持导线；导线互相交叉时，应在靠近建筑物的导线上套上绝缘管	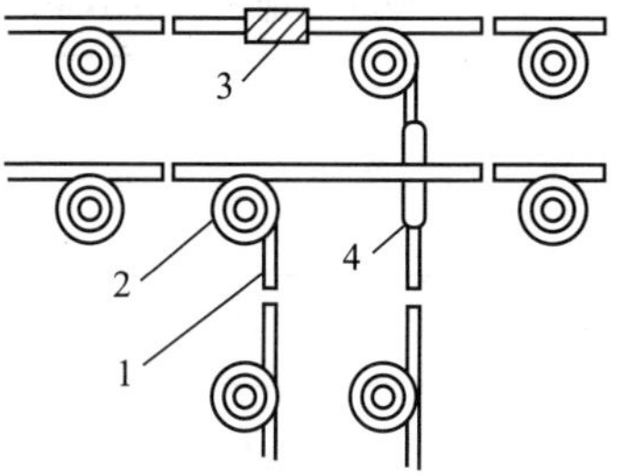 1—导线 2—绝缘子 3—接头包胶布 4—绝缘套管
绝缘子沿墙壁垂直排列敷设时，导线弛度不得大于 5 mm 绝缘子沿屋架或水平支架敷设时，导线弛度不得大于 10 mm	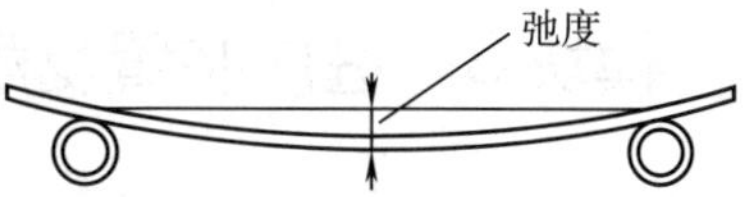 弛度 导线弛度即弧垂，指导线的最低点与过两悬挂点的水平线垂直距离

3. 绝缘子配线的要求

（1）室内配线线间和固定点间的距离见表 6-29，配线时要求排列整齐，间距要对称、均匀。

表 6-29　室内配线线间和固定点间的距离

配线方式	导线截面积（mm^2）	固定点间最大允许距离（mm）	导线间最小允许距离（mm）
鼓形绝缘子配线	1～4	1 500	70
	6～10	2 000	70
	16～25	3 000	100
蝶式绝缘子配线	4～10	2 500	70
	16～25	3 000	100
	35～70	6 000	150
	95～120	6 000	150

（2）明线水平敷设和垂直敷设时，导线与地面的最小距离见表6-30。

表6-30　导线与地面的最小距离

布线方式	最小距离（m）
导线水平敷设	2.5
导线垂直敷设	1.8

模块3　进户装置及配电装置的安装

培训目标

1. 掌握进户装置的安装方法；
2. 掌握配电装置的安装方法。

进户装置是户内、外线路的衔接装置，是低压用户建筑物内部线路的电源引接点。进户装置由进户杆、进户线和进户管等几部分组成。

一、进户装置的安装

1. 进户杆的安装

当进户点离地垂直高度低于2.7 m或接户线需要升高时，要加装进户杆来支持接户线和进户线。进户杆一般采用混凝土电杆或木杆两种。如图6-9所示为进户杆装置。

2. 进户线的安装

（1）进户线必须选用绝缘性能良好的铝芯或铜芯绝缘导线，铝芯线截面积不得小于2.5 mm^2；铜芯线最小截面积不得小于

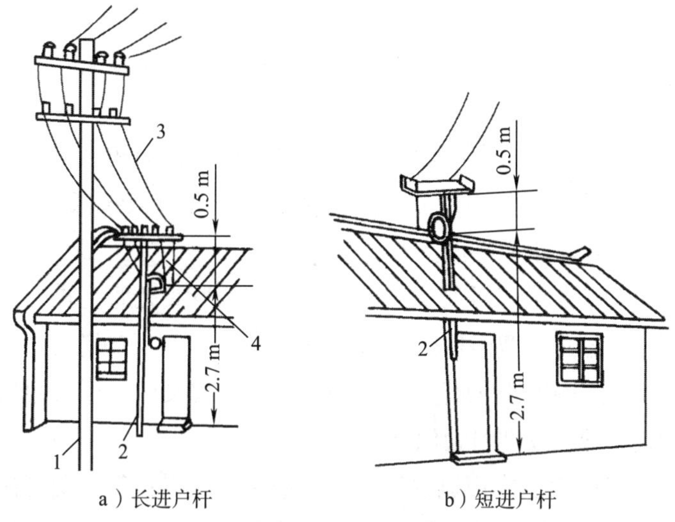

a）长进户杆　　b）短进户杆

图 6-9　进户杆装置

1—接户杆　2—进户杆　3—接户线　4—进户线

1. 5 mm^2，进户线中间不准有接头。进户线穿墙时，应套上瓷管、塑料管或钢管。进户线穿墙时的安装方法如图 6-10 所示。

（2）安装进户线时应有足够的长度，户内一端一般接于总开关盒或熔丝盒内；户外一端与接户线连接后应保持 200 mm 的弛度。

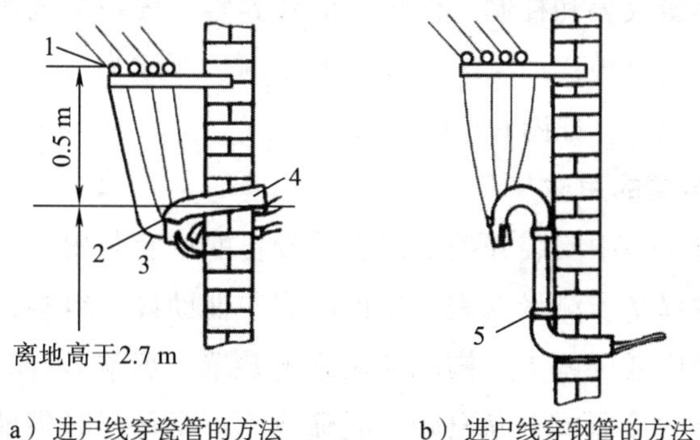

a）进户线穿瓷管的方法　　b）进户线穿钢管的方法

图 6-10　进户线穿墙时的安装方法

1—接户点　2—进户点　3—进户线　4—进户管　5—固定敷设

3. 进户管的安装

常用的进户管有瓷管、塑料管和钢管3种，瓷管又分为弯口和反口两种。

（1）进户管的管径应根据进户线的根数和截面积来决定，管内导线（包括绝缘层）的总截面积应不大于管子有效截面积的40%，最小管径应不小于15 mm。

（2）进户瓷管必须每线一根，并应采用弯头瓷管，户外一端弯头向下，当进户线截面积在50 mm^2 以上时，宜用反口瓷管。

（3）当一根瓷管的长度小于进户墙壁的厚度时，可用两根瓷管紧密相连，或用硬塑料管代替瓷管。

（4）进户钢管须用镀锌钢管或经过涂漆的黑铁管，钢管两端应装护圈，户外一端必须有防雨弯头，进户线必须全部穿入一根钢管内，钢管外层必须有良好的保护接零。

二、配电箱的用途及分类

配电板、配电箱是连接电源与用电设备之间的中间装置，它除了分配电能外，还具有对用电设备进行控制、测量、指示及保护等功能。将测量仪表和控制、保护、信号等器件按一定规律安装在板上，便制成配电板；如果装入专用的箱内，便成为配电箱；装在屏上，则为配电屏，如图6-11所示。

1. 配电箱的用途

配电箱是集中安装开关、仪表等设备的成套装置。按电气接线要求将开关设备、测量仪表、保护电器和辅助设备组装在封闭或半封闭金属柜中或屏幅上，构成低压配电装置。正常运行时可借助手动或自动开关接通或分断电路，故障或不正常运行时借助保护电器切断电路或报警。借助测量仪表可显示运行中的各种参数，还可对某些电气参数进行调整，对非正常工作状态进行提示或发出信号。

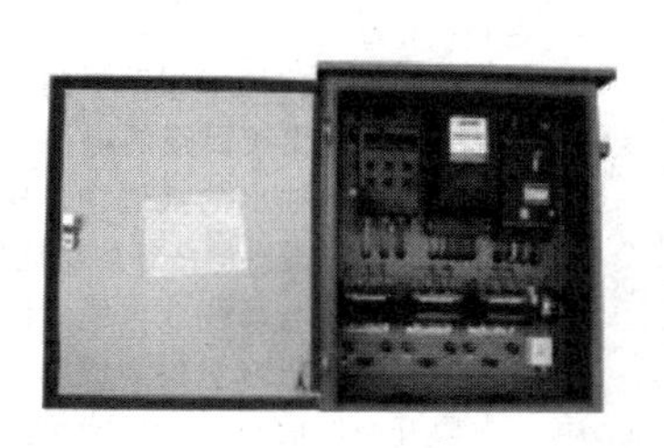

图 6-11　配电箱、配电屏

常用于各发、配、变电所中。便于管理，方便停、送电，起到计量和判断停、送电的作用。

2. 配电箱的分类

配电箱按结构特征和用途分类见表 6-31。

表 6-31　配电箱类型和功能

类型	图示	功能
固定面板式开关柜，又称开关板或配电屏		这是一种有面板遮拦的开启式开关柜，正面有防护作用，背面和侧面仍能触及带电部分，防护等级低，只能用于对供电连续性和可靠性要求较低的工矿企业，作变电室集中供电用
防护式（即封闭式）开关柜		这种开关柜的开关、保护和监测控制等电气元件，均安装在一个用钢或绝缘材料制成的封闭外壳内，可靠墙或离墙安装。柜内每条回路之间可以不加隔离措施，也可以采用接地的金属板或绝缘板进行隔离。通常门与主开关操作有机械联锁

续表

类型	图示	功能
抽屉式开关柜		这种开关柜采用钢板制成封闭外壳，进出线回路的电器元件都安装在可抽出的抽屉中，构成能完成某一类供电任务的功能单元。功能单元与母线或电缆之间用接地的金属板或塑料制成的功能板隔开，形成母线、功能单元和电缆三个区域
动力配电箱		动力配电箱主要负荷为动力设备，多为三相供电，电流超出63 A，非终端配电，通常只允许专业人员对它进行操作
照明配电箱		照明配电箱属终端配电，主要负荷是照明器具、普通插座、小型电动机等，负荷较小，多为单相供电，总电流一般小于63 A，单出线回路电流小于15 A，一般允许非专业人员操作

三、照明配电箱的组成及安装工艺要求

照明配电箱主要由配电板、电器元件和外壳等组成。

1. 配电板

配电板可用厚15~20 mm的塑料板或铁板制作，板上装有单相电度表、自动断路器（或胶盖刀开关）和熔断器等。

2. 主要组成电器元件

配电板组成如图6-12所示。

一般家庭用电量不大，电能表可直接接在线路上。由于有些电能表的接线方法特殊，在具体接线时，应以电能表接线盒盖内侧的

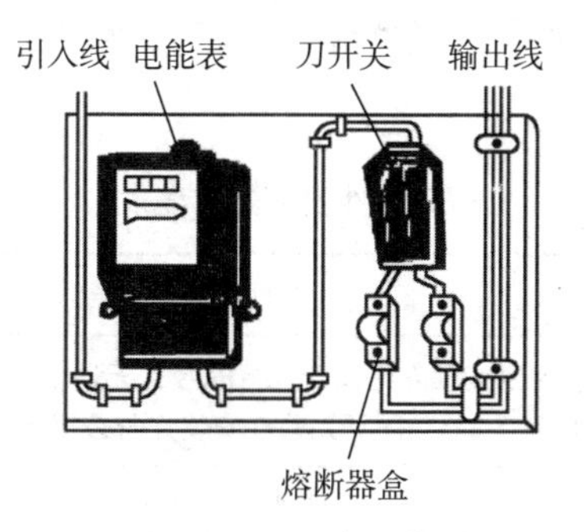

图 6-12　配电板组成

线路图为准；自动断路器主要用于控制用户电路的通断和电路出现短路、过载故障时切断电路（胶盖刀开关主要用于控制用户电路的通断）；熔断器的功能是在电路短路和过载时起保护作用。当电路上出现过大的电流或短路故障时，则熔丝熔断，切断电路，避免事故的发生。家用配电板多采用插入式小容量熔断器。

3. 照明配电箱的安装工艺

（1）板面器件的安排。照明配电板结构比较简单，参照图 6-13 所示电路图中涉及的元器件进行布局。电能表一般装在板面的左边或上方，断路器（或胶盖刀开关）装在右边或下方。板面上器件之间的距离应满足工艺要求。

（2）板面器材的安装。板面器材的安装工艺要求包括元器件安

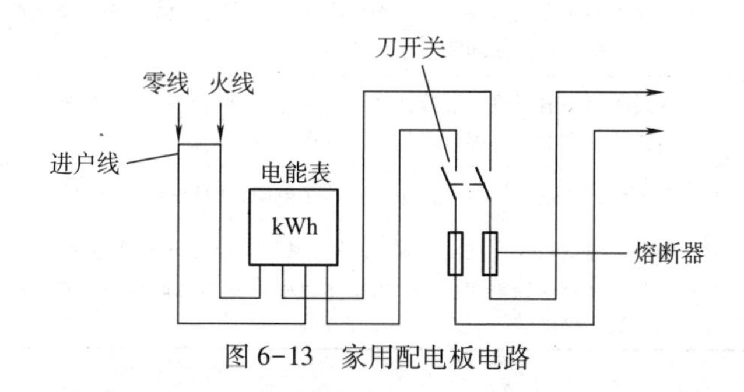

图 6-13　家用配电板电路

装和线路敷设工艺要求。元器件安装工艺要求见表6-32，线路敷设工艺要求见表6-33。

表6-32　元器件安装工艺要求

序号	元器件安装工艺要求
1	在配电板上要按预先的设计进行安装，元器件安装位置必须正确，倾斜度不超过1.5~5 mm，同类元器件安装方向必须保持一致
2	元器件安装牢固，稍用力摇晃无松动感
3	文明安装、小心谨慎，不得损伤、损坏器材

表6-33　线路敷设工艺要求

序号	线路敷设工艺要求
1	照图施工、配线完整、正确，不多配、少配或错配
2	在有主电路又有辅助电路的配电板上敷线，两种电路必须选用不同颜色的线以示区别
3	配线长短适度，线头在接线桩上压接不得压住绝缘层，压接后裸线部分不得大于1 mm
4	凡与有垫圈的接线桩连接，线头必须做成“羊眼圈”，且“羊眼圈”略小于垫圈
5	线头压接牢固，稍用力拉扯不应有松动感
6	走线横平竖直，分布均匀。转角弯曲部分自然圆滑，全电路弧度保持一致，转角控制在90°±2°以内
7	长线沉底，走线成束。同一平面内不允许有交叉线。必须交叉时应在交叉点架空跨越，两线间距不小于2 mm
8	布线顺序一般以电度表或接触器为中心，由里向外，由低向高，先装辅助电路后装主电路，即以不妨碍后继布线为原则
9	对螺旋式熔断器接线时，中心接片接电源，螺口接片接负载
10	配电板应安装在不易受震动的建筑物上，板的下缘离地面1.5~1.7 m。安装时除注意预埋紧固件外，还应保持电度表与地面垂直，否则会影响电度表计数的准确性

按照工艺要求将电能表、断路器、熔断器位置确定之后，用铅笔画上记号，并在穿线的位置钻孔，然后用木螺钉将这些器件固定在已确定的位置上，如图 6-14 所示，之后按图 6-13 所示进行接线。接线方式分板后配线（暗敷）与板面配线（明敷）两种。板后配线需要在板面打孔，以便将接线端头从孔中穿进板的后面，并与相应接线桩连接。板面配线不需要在板面打孔，但要求布线美观、整齐。下面以板面配线为例，说明其安装方法和步骤。

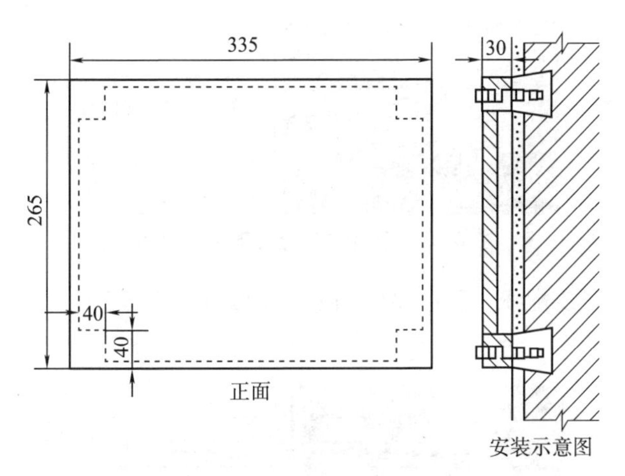

图 6-14　配电板尺寸与上墙示意图

四、照明配电箱的配线安装

1. 器材准备

配电箱体、导轨、断路器、配线扎带、配线导线、电工工具等。

2. 操作步骤

（1）安装导轨。箱体安装完毕后，安装箱体内导轨，如图 6-15 所示。

（2）安装箱体内断路器。断路器安装时首先要注意箱盖上安装孔位置，保证断路器位置在箱盖预留位置。其次，断路器安装时要

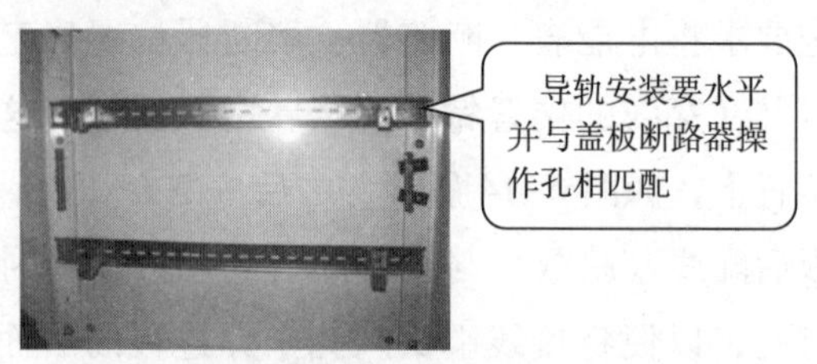

图 6–15　箱体内导轨

从左向右排列，断路器预留位应为一个整位，如图 6–16 所示。

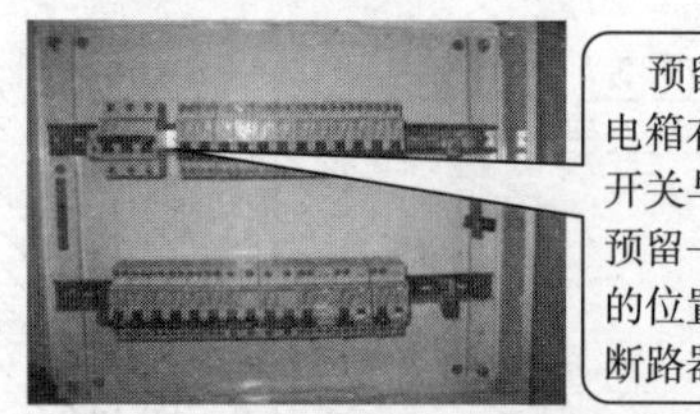

图 6–16　箱体内断路器安装示意图

（3）零线配线。配电箱中的零线配线如图 6–17 所示，具体要求如下：

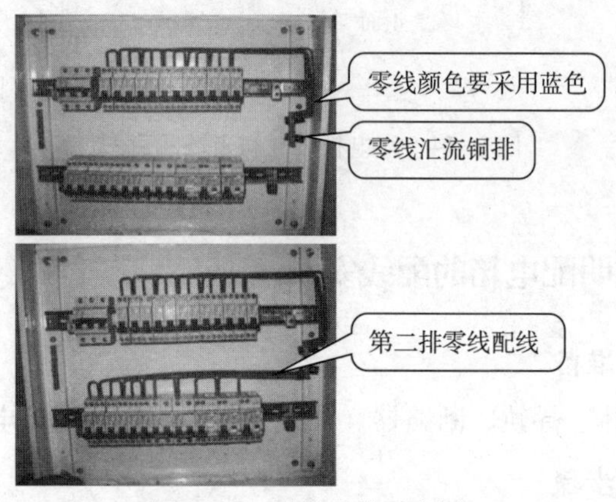

图 6–17　零线配线示意图

1）照明及插座回路一般采用 2.5 mm^2 截面积的导线，每根导线所串联断路器数量不得大于三个。空调回路一般采用 2.5 mm^2 或

4.0 mm² 截面积的导线，一根导线配一个断路器。

2）不同相之间零线不得共用，如由 A 相配出的第一根黄色导线连接了两个 16 A 的照明断路器，那么 A 相所配断路器零线也只能配这两个断路器，配完后直接接到零线接线端子上。

3）箱内配线要顺直，不得有纹接现象，导线要用塑料扎带绑扎，扎带大小要合适，间距要均匀。

4）导线弯曲应一致，且不得有死弯，防止损坏导线绝缘层及内部铜芯。

（4）断路器配线。断路器配线如图 6－18 所示，具体要求如下：

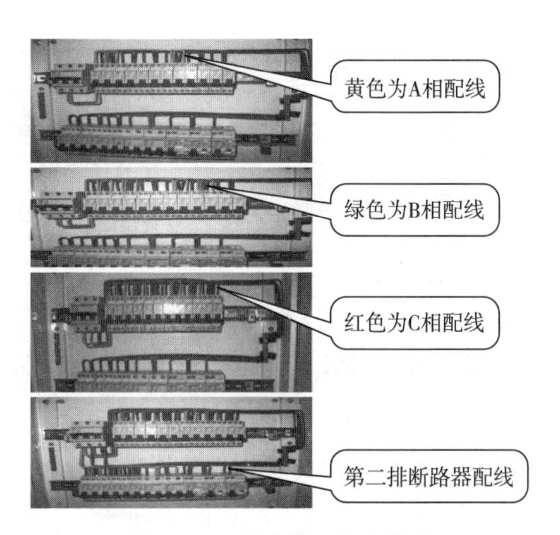

图 6-18　断路器配线示意图

1）A 相线为黄色、B 相线为绿色、C 相线为红色。

2）照明及插座回路一般采用 2.5 mm² 截面积的导线，每根导线所串联断路器数量不得大于 3 个。空调回路一般采用 2.5 mm² 或 4.0 mm² 截面积的导线，一根导线配一个断路器。

3）由总开关每相所配出的每根导线之间零线不得共用，如由 A

相配出的第一根黄色导线连接了两个 16 A 的照明断路器，那么这两个照明断路器一次侧零线也是只从这两个断路器一次侧配出直接连接到零线接线端子。

4）箱体内总断路器与各分断路器之间配线一般在左边，配电箱出线一般在右边。

5）箱内配线要顺直，不得有纹接现象，导线要用塑料扎带绑扎，扎带大小要合适，间距要均匀。

6）导线弯曲应一致，且不得有死弯，防止损坏导线绝缘层及内部铜芯。

（5）导线绑扎。导线绑扎如图 6-19 所示，具体要求如下：

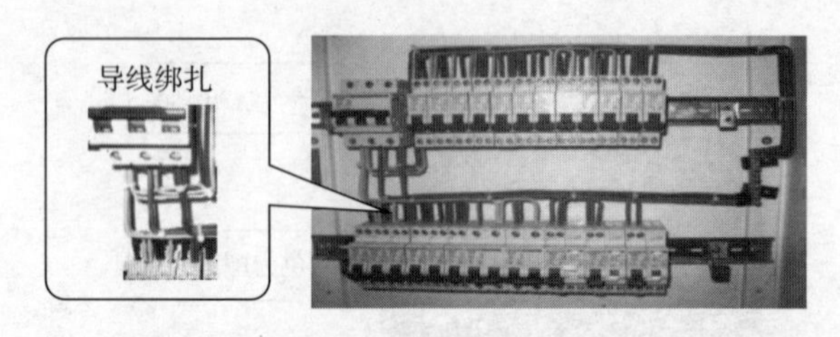

图 6-19　导线绑扎示意图

1）导线要用塑料扎带绑扎，扎带大小要合适，间距要均匀，一般为 100 mm。

2）扎带扎好后，不用的部分要用斜口钳剪掉。

模块 4　常用照明线路的安装与检修

培训目标

1. 熟悉常用照明灯具及选用原则；

2. 掌握节能灯的安装及检修方法。

一、常用照明灯具

电气照明在工农业生产和日常生活中占有重要地位，照明灯具种类较多，但总的来说，我国当前最常用的照明灯具主要有日光灯、节能灯、LED（light emitting diode，发光二极管）灯。

1. 日光灯的结构

日光灯主要由灯管、电子镇流器、灯座和灯架等组成。

（1）灯管。灯管由一根直径为 15～40.5 mm 的玻璃管、灯丝和灯丝引出脚等组成。玻璃管内抽成真空后充入少量的汞和氩等惰性气体，管壁内涂有荧光粉，灯丝由钨丝制成，用以发射电子。常用灯管的功率有 6 W、8 W、12 W、15 W、20 W、30 W、40 W 等。日光灯管的构造如图 6-20 所示。

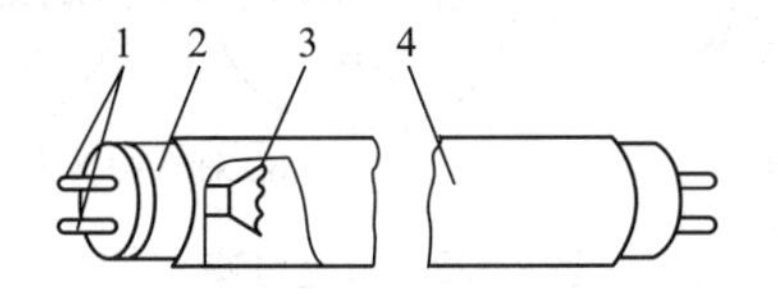

图 6-20　日光灯管的构造

1—灯脚　2—灯头　3—灯丝　4—玻璃管

（2）电子镇流器。早期日光灯电路中使用的是电感镇流器，它需要和启辉器配合接在电路中，线路连接比较复杂。后因其效率低、体积大、功率输出不稳定，已经逐渐被电子镇流器所替代。

电子镇流器在日光灯电路中同时取代了电感镇流器和启辉器，从而使线路被简化，并且具有恒功率输出、灯光稳定、宽工作电压、安全可靠、延长灯管的使用寿命等优势，与电感镇流器相比，有明显的省电节能效果，并且还能降低供电线路造价。电子镇流器的外形如图 6-21 所示。

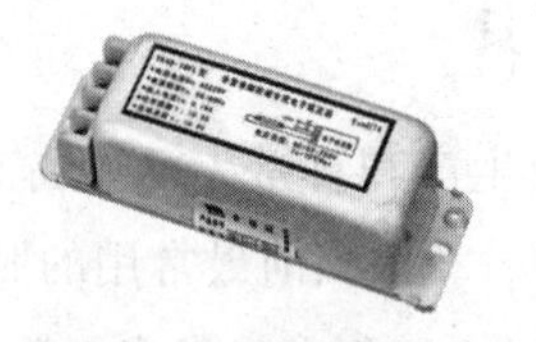

图 6-21　电子镇流器的外形

（3）灯座。常用日光灯座有开启式和插入弹簧式两种，如图 6-22 所示。开启式灯座还有大型和小型两种，6 W、8 W、12 W 等细灯管用小型灯座，15 W 及以上的灯管用大型灯座。

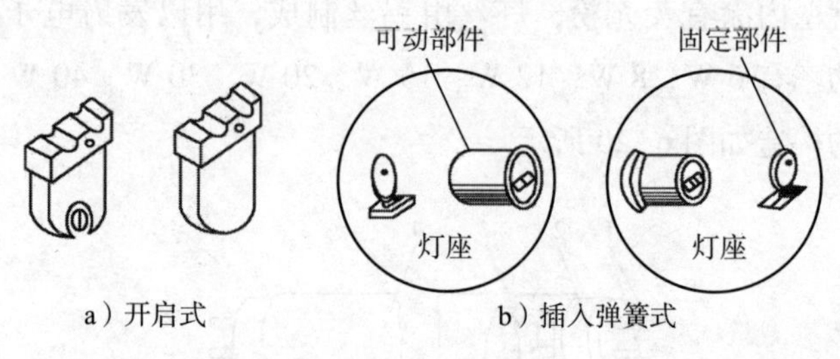

a）开启式　　b）插入弹簧式

图 6-22　日光灯座

（4）灯架。灯架用来固定灯座、灯管、启辉器等日光灯零部件。常用日光灯架有木制、铁皮制、铝制等几种。其规格应与灯管尺寸相配合，根据灯管的数量和光照方向选用。常用日光灯架如图 6-23 所示。

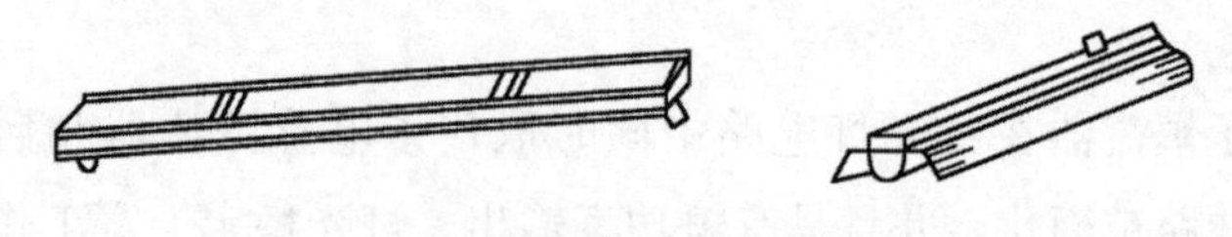

图 6-23　常用日光灯架

2. 节能灯

（1）节能灯的结构。节能灯主要由“上部灯头结构”及“底部灯管结构”组成，并由一块隔板连接在一起，隔板上方与灯头结合处设含有电子镇流器等部件的电路板；而隔板下方，与灯管结合处有一段加长的空腔，在空腔结构外壁周围设多个通孔，用于隔热、分流、散热，起到延长使用寿命的作用。

（2）节能灯的工作原理及特点。节能灯其实就是一种紧凑型、自带镇流器的日光灯，其工作原理与日光灯的工作原理相同。

（3）节能灯类型及规格。节能灯根据灯管外形分为 U 形管、螺旋管和直管型三种。节能灯类型及规格见表 6-34。

表 6-34　　节能灯类型及规格

类型	外形	规格用途
U 形节能灯		2U、3U 节能灯：管径 9～14 mm，功率一般为 3～36 W，主要用于民用和一般商业环境照明 4U、5U、6U、8U 节能灯：管径 12～21 mm，功率一般为 45～240 W，主要用于工业、商业环境照明
螺旋管节能灯		螺旋灯管直径分为 φ9、φ12、φ14.5、φ17 等。螺旋环圈（用 T 表示）数有：2T、2.5T、3T、3.5T、4T、4.5T、5T 等多种，功率为 3～240 W 等多种规格
直管型节能灯		直管型节能灯 T4、T5 直管型节能灯：功率一般为 8 W、14 W、21 W、28 W。其广泛应用于民用、工业、商业环境照明，可用来直接替代 T8 直管型日光灯

3. LED 灯

（1）LED 灯的结构。LED 是一种能够将电能转化为可见光的固态半导体器件。LED 灯的核心就是一个半导体晶片，晶片附在一个支架上，一端是负极，另一端连接电源的正极，整个晶片用环氧树脂封装起来，起到保护内部芯线的作用。常见的 LED 灯见表 6-35。

表 6-35　　常见的 LED 灯

LED 线灯	LED 显示屏	LED 节能灯
		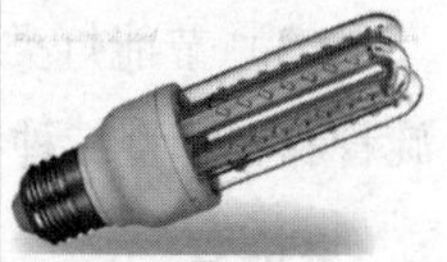

（2）LED 灯的特点。LED 灯光源属于冷光源，无辐射，不用考虑散热问题，可长时间使用。LED 灯节能效果好，寿命长；绿色环保，不含铅汞等有害物质；无频闪，解决了传统光源由于频闪引起的视觉疲劳问题；不怕震动，方便运输，容易拆装，利于回收；无灯丝及玻璃外壳，耐冲击，抗震能力强。随着 LED 技术的发展，发光效率不断提高，成本不断降低，使得 LED 灯具得到大力推广使用。

二、安装照明电路的一般要求

（1）灯具的安装高度，室外一般不低于 3 m，室内一般不低于 2.4 m。如遇特殊情况难以达到上述要求时，可采取相应的保护措施或改用 36 V 安全电压供电。

（2）根据不同的安装场所和用途，照明灯具使用的导线最小芯线截面积应符合表 6-36 的要求。

（3）室内照明开关一般安装在门边便于操作的位置上；拉线开关一般离地 2~3 m；跷板暗装开关一般离地 1.3 m，与门框的距离一般为 150~200 mm。

表 6-36　　照明灯具使用的导线最小芯线截面积　　mm^2

安装场所及用途/导线分类		铜芯软线	铜线	铝线
照明用灯头线	民用建筑室内	0.4	0.5	2.5
	建筑室内	0.5	0.8	2.5
	室外	1.0	1.0	2.5
移动照明设备	生活用	0.75	—	—
	生产用	1.0	—	—

(4) 明插座的安装高度一般应离地 1.4 m，在幼儿园、小学校园等处，明插座一般应不低于 1.8 m；暗装插座一般应离地 300 mm。同一场所安装插座的高度应一致，其高度相差一般应不大于 5 mm，几个插座成排安装高度差应不大于 2 mm。

(5) 灯具质量在 1 kg 以下时，可直接用软线悬吊；质量大于 1 kg 的应加装金属吊链；超过 3 kg 的应固定在预埋的吊挂螺栓或吊钩上。在预制楼板或现浇楼板内预埋吊挂螺栓和吊钩，如图 6-24 所示。

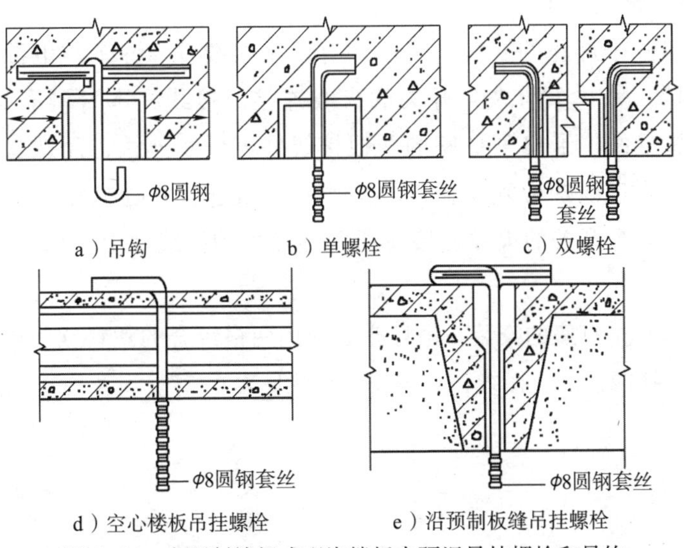

图 6-24　在预制楼板或现浇楼板内预埋吊挂螺栓和吊钩

三、节能灯照明电路的安装

1. 确定安装方案

根据安装要求确定安装方案，设计并绘制相关的电路图，准备好所需材料。

2. 检查元器件

主要对灯泡、灯头、开关及插座等进行检查。

3. 布线

（1）根据实际的安装位置，确定开关（如为两地控制则为双联开关）、插座及节能灯的安装位置并做好标记。

（2）根据安装位置进行定位划线，操作时要遵守横平竖直的原则。

（3）根据实际划线的位置及尺寸，量取并切割塑料线槽，切记要在每段线槽的相对位置做好标记，以免混乱。

4. 安装灯座

（1）平灯座的安装。平灯座有两个接线柱，一个与电源的零线连接，另一个与来自开关的火线连接。接线柱本身制有螺纹，可压紧导线。卡口平灯座的两根接线柱可任意连接，而螺口平灯座的两根接线柱必须遵循以下原则：零线连接在通螺纹圈的接线柱上，来自开关的火线连接在通中心簧片的接线柱上，如图6-25所示。

（2）吊灯座的安装。吊灯座必须用两根绞合的塑料软线或花线作为与挂线盒的连接线，具体安装步骤见表6-37。

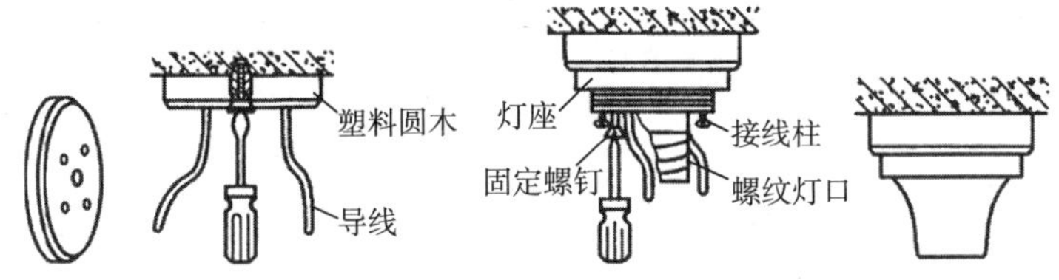

a）塑料圆木　b）穿线并安装塑料圆木　c）安装平灯座　d）接线后拧紧外壳

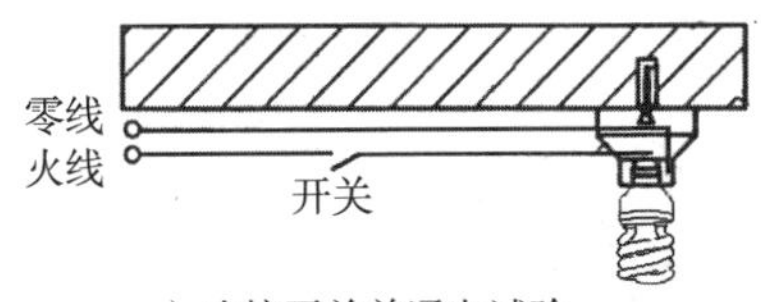

e）连接开关并通电试验

图 6-25　螺口平灯座的安装

表 6-37　吊灯座的安装

步骤	图示	操作方法
第一步	1—接线盒底座 2—导线结 3—挂线盒罩盖	将导线两端绝缘层削去，并把线芯绞紧，便于接线。把上端导线穿入挂线盒，在挂线盒罩孔内打个结，使其能承受吊灯的重量，此时应使罩盖大口朝上，否则无法与底座旋合。然后把上端两线头分别穿入挂线盒底座的两个侧孔里，再分别接在两个接线柱上，然后旋上罩盖
第二步	4—吊灯座盖	将下端导线穿入吊灯座盖的孔内并打结，然后把线头分别接在灯头的两个接线柱上，罩上灯头座盖即可

续表

步骤	图示	操作方法
第三步	5—挂线盒 6—灯罩 7—节能灯	吊灯安装完后，检查灯的高度，一般规定离地面2.5 m，且灯头线不应过长，也不能打结。符合要求即可通电试验

5. 安装开关

开关有明装和暗装之分。暗装开关一般在土建工程完成后安装。明装开关一般安装在木台或直接安装在墙壁上。开关一定要安装在相线上，以便断开时，开关以下电路不带电。

（1）单联开关的安装。将一根相线和另一根开关线穿过木台两孔（单联开关一般都装在木台上固定，所以木台制作要美观，固定要可靠，压线要合理），并将木台固定在墙上。注意火线要进开关，同时要将两根导线穿进开关两孔眼，如图 6-26a 所示。然后，用木螺钉将开关固定在木台上，并拧紧导线接头，如图 6-26b 所示，装上开关盒。

（2）双联开关的安装。双联开关一般用于两地控制一盏灯的线路，安装时要注意两只双联开关中连铜片的柱头不能接错。打开开关后，可以看到开关内部有 3 个接线孔，并且上面都标有字母 L、L1、L2 或者标注的是 L、LA、LB，接线方式如图 6-27 所示。

6. 安装插座

插座一般不用开关控制，它始终是带电的。在照明电路中，一

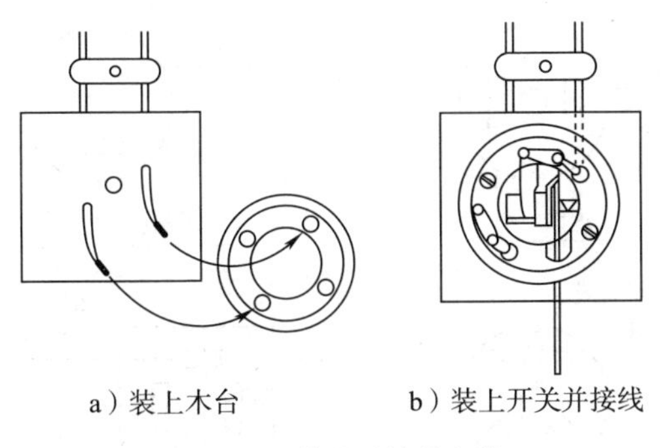

图 6–26　单联开关的安装

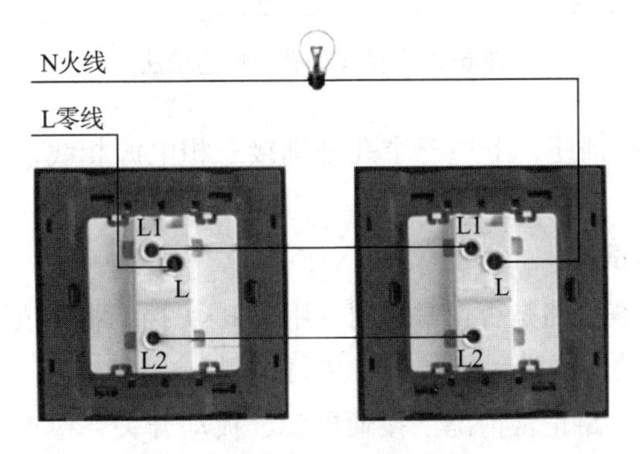

图 6–27　双联开关的接线方式

般可用双孔插座；但在公共场所、地面具有导电性物质或电器设备有金属壳体时，应选用三孔插座。用于动力系统中的插座，应是三相四孔。它们的接线要求如图 6–28 所示。

插座的安装方法与挂线盒的安装方法基本相同，但要特别注意接线插孔的极性。双孔插座在双孔水平安装时，火线接右孔，零线接左孔（即左零右火）；双孔竖直排列时，火线接上孔，零线接下孔（即下零上火）。三孔插座下边两孔是接电源线的，仍为左零右火，上边大孔接保护接地线，它的作用是一旦电气设备漏电使金属外壳带电时，可通过保护接地线将电流导入大地，消除人体触电危险。

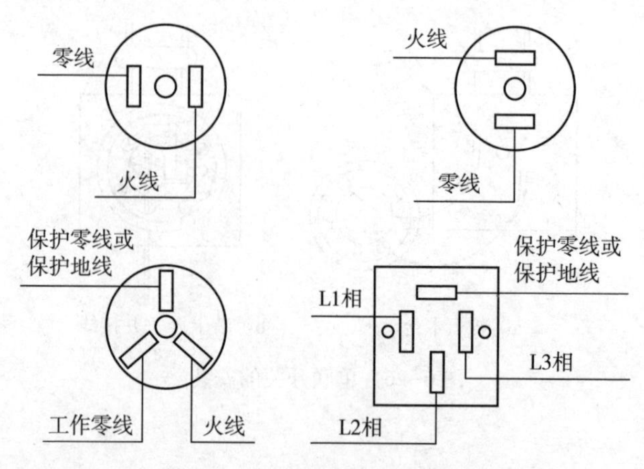

图 6-28　插座插孔极性连接法

三相四孔插座，下边三个孔分别接三相电源相线，上边的孔接保护线。

7. 通电试验

（1）检查电路是否正常。用万用表 R×1 挡，将两表笔分别置于两个熔断器的出线端（下柱头）进行检测。

（2）在线路正常情况下接通电源，扳动开关，检查节能灯控制情况。

（3）三孔插座的检查。将用万用表置于交流 250 V 挡，两表笔分别插入相线与零线两孔内，万用表应显示 220 V 左右，再将插入零线一端的表笔移出，然后插入接地孔内，同样显示 220 V 左右。

四、日光灯照明电路的安装

1. 日光灯照明电路图

安装日光灯时应对照电路图连接电路，日光灯电路如图 6-29 所示。

2. 安装步骤

首先对照电路图连接线路，组装灯具，然后在建筑物上固定，

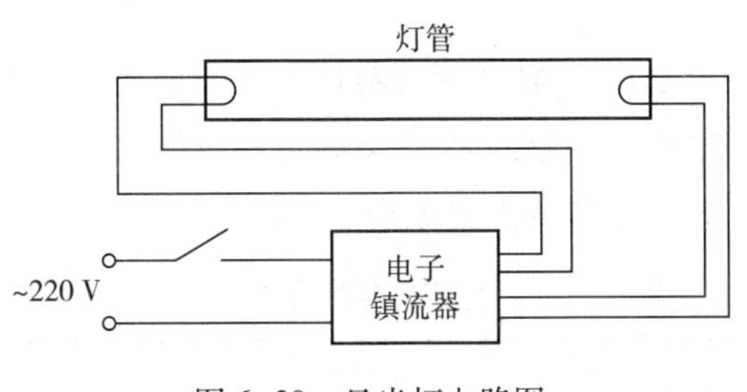

图6-29　日光灯电路图

并与室内的主线接通。安装前应检查灯管、(电子) 镇流器、启辉器等有无损坏，是否互相配套，再按下列步骤安装。

(1) 准备灯架。根据灯管长度的要求，购置或制作与之配套的灯架。

(2) 组装灯架。对分散控制的日光灯，将电子镇流器安装在灯架的中间位置；对集中控制的几盏日光灯，几只电子镇流器应集中安装在控制点的一块配电板上。各配件位置固定后，按电路图进行接线，单开接法和双控接法见表6-38。只有灯座才是边接线边固定在灯架上。接线完毕，要对照电路图详细检查，以免错接、漏接。

表6-38　　日光灯电路接线方法

单开接法	双控接法
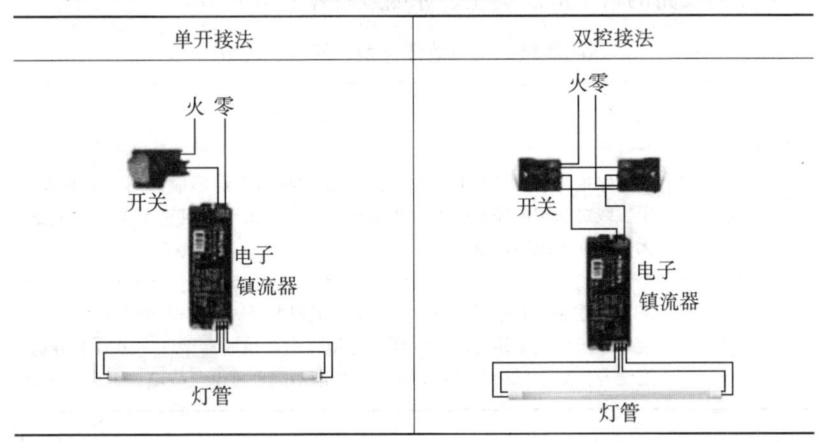	

（3）固定灯架。固定灯架的方式有吸顶式和悬吊式两种。悬吊式又分金属链条悬吊和钢管悬吊两种。安装前先在设计的固定点打孔预埋合适的紧固件，然后将灯架固定在紧固件上，最后把日光灯管装入灯座。固定灯架的方式见表 6-39。

表 6-39　　　　固定灯架的方式

吸顶式	悬吊式

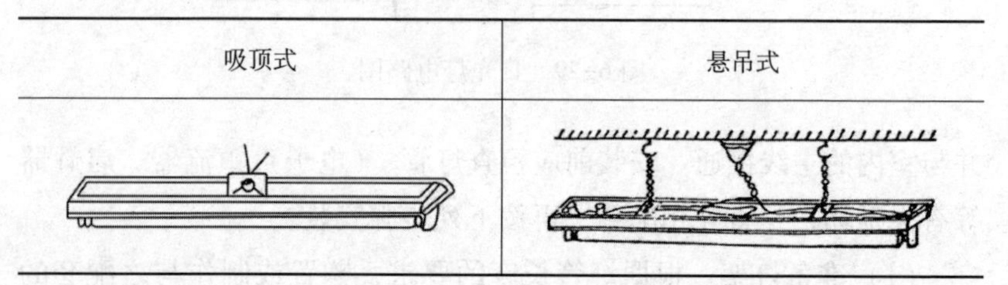

（4）开关、插座的安装。开关、插座等按节能灯安装方法进行接线。

（5）通电试用。检查无误后，即可通电试用。

五、照明线路的常见故障及检修

1. 照明线路的常见故障

照明线路的常见故障类型、原因及现象见表 6-40。

表 6-40　　　　照明线路的常见故障类型、原因及现象

故障类型	故障原因及现象
漏电	线路绝缘破损或老化，电流通过建筑物与大地形成回路或在相线、中性线之间构成局部回路。在漏电严重时，出现建筑物带电和用电量无故增加等故障现象
过载	导线截面积太小或盲目过量用电；电源电压异常；照明线路故障等，会导致工作电流超过线路的额定电流，引起熔断器熔断、过载部分温度剧升，如果保护装置未动作，则可能引起严重电气故障

续表

故障类型	故障原因及现象
短路	线路设计不佳或未按要求施工；用电设备本身出现短路；电力线路年久失修、老化等容易引起短路。短路电流很大，易导致电气火灾
开路	导线或附件受外力破坏而导致供电中断，这种故障现象比较直观

2. 照明线路的常见故障检修

照明线路的常见故障检修见表6-41。

表6-41　照明线路的常见故障检修

故障现象	原因分析	检修方法
灯具不亮	（1）灯具毁坏 （2）电源熔断器的熔丝烧断 （3）灯座或开关接线松动或接触不良 （4）线路中有断路故障	（1）更换新灯具 （2）检查熔丝烧断的原因并更换熔丝 （3）检查灯座和开关的接线并恢复 （4）用低压验电器检查线路的断路处并修复
开关合上后熔断器熔丝烧断	（1）灯座内两线头短路 （2）线路中发生短路 （3）用电器发生短路 （4）用电量超过熔丝容量	（1）检查灯座内两线头并排除短路故障 （2）检查导线绝缘是否老化或损坏并修复绝缘 （3）检查用电器并修复 （4）减小负载或更换熔断器
灯具忽亮忽暗	（1）灯丝烧断，但受振动后忽接忽断 （2）灯座或开关接线松动 （3）熔断器熔丝接头接触不良 （4）电源电压不稳定	（1）更换灯具 （2）检查灯座和开关接线并修复 （3）检查熔断器连接并修复 （4）检查电源电压并排除电压不稳定原因

模块5　识读建筑电气安装平面图

培训目标

1. 熟悉电气照明平面图的主要内容及识读方法；

2. 熟悉电力平面图的主要内容及识读方法。

建筑电气安装平面图是一种表示电气设备、装置及线路在建筑物中的安装位置、连接关系及安装方法等信息的简图，主要用于建筑电气设备的安装、维护和管理。建筑电气安装平面图种类很多，常用的主要有电气照明平面图和电力平面图等。

一、电气照明平面图

电气照明平面图是一种表示照明设备平面布置的简图，主要表达建筑物中各种照明设备的安装位置、安装方式以及设备的规格、型号和数量等信息，常用于电气照明线路的安装、维护和管理。

1. 电气照明常用符号

（1）电气照明设备平面图中的常用图形符号。电气照明设备平面图中的常用图形符号见表6-42。

表6-42　　电气照明设备平面图中的常用图形符号

名称	图形符号	名称	图形符号	名称	图形符号
单极开关		球形灯		单相三孔插座	

续表

名称	图形符号	名称	图形符号	名称	图形符号
双极开关	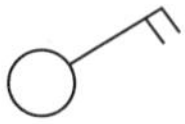	日光灯		单相插座	
双控单极开关	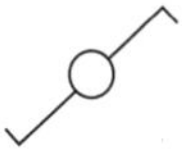	壁灯		电风扇	
单极拉线开关	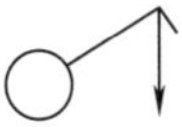	花灯	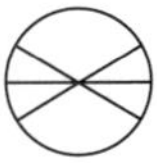	配电箱	

（2）常用灯具类型的符号。常用灯具类型的符号见表 6-43。

表 6-43　　　　常用灯具类型的符号

灯具名称	符号	灯具名称	符号	灯具名称	符号
普通吊灯	P	柱灯	Z	日光灯灯具	Y
壁灯	B	卤钨探照灯	L	隔爆灯	B
花灯	H	投光灯	T	水晶底罩灯	J
吸顶灯	D	工厂一般灯具	G	防水防尘灯	F

（3）常用灯具安装方式的标注代号。常用灯具安装方式的标注代号见表 6-44。

表 6-44　　　　常用灯具安装方式的标注代号

安装方式	代号	安装方式	代号	安装方式	代号
链吊式	C	线吊式	CP	嵌入式	R
管吊式	P	吸顶式	—	壁装式	W

（4）导线敷设方式的标注。导线敷设方式的标注代号见表6-45。

表6-45　　导线敷设方式的标注代号

敷设方式	代号	敷设方式	代号	敷设方式	代号
暗敷	C	用硬塑料管敷设	P，PC	用电线管敷设	TC
明敷	E	用水煤气管敷设	G，SC	用蛇皮管敷设	CP
用铝线卡敷设	AL	用瓷瓶或瓷柱敷设	K，PK	用阻燃塑料管敷设	PVC

（5）导线敷设部位的标注代号。导线敷设部位的标注代号见表6-46。

表6-46　　导线敷设部位的标注代号

敷设部位	代号	敷设部位	代号	敷设部位	代号
暗敷设在梁内	BC	暗敷设在地面内	FC	沿墙敷设	WE
沿天棚面或顶板面敷设	CE	沿钢索敷设	SR	暗敷设在墙内	WC

（6）电气设备的标注方式。在电气照明平面图中，电气设备通常需要标注编号、型号、规格、数量、安装和敷设方式等信息。常用电气设备的标注方式见表6-47。

表6-47　　电气设备的标注方式

类别	标注方式	说明	举例
电力和照明设备	1）一般标注法： $a\frac{b}{c}$ 或 a-b-c 2）标注引入线的规格： $a\frac{b-c}{d(e\times f)-g}$	a——设备编号 b——设备型号 c——设备功率（kW） d——导线型号 e——导线根数 f——导线截面积（mm^2） g——导线敷设方式及部位	如“$4\frac{Y}{40}$”表示电动机的编号为第4，型号为Y系列笼型感应电动机，额定功率为40 kW

续表

类别	标注方式	说明	举例
开关及熔断器	1）一般标注法：$a\frac{b}{c/i}$或 a-b-c/i 2）标注引入线的规格： $a\frac{b-c/i}{d(e\times f)-g}$	a——设备编号 b——设备型号 c——额定电流（A） d——导线型号 e——导线根数 f——导线截面积（mm^2） g——导线敷设方式及部位，见表 6-45 和表 6-46 i——开关极数；整定电流或熔体额定电流（A）	如“HK-10/2”表示开启式负荷开关，串联熔断器，额定电流为 10 A，2 极； “RC—5/3 A”表示插入式熔断器，额定电流为 5 A，熔体额定电流为 3 A
照明灯具	1）一般标注法： $a-b\frac{c\times d\times L}{e}f$ 2）灯具吸顶安装： $a-b\frac{c\times d\times L}{-}$	a——灯具数量 b——型号或编号，见表 6-43 c——每盏照明灯具的灯泡数 d——灯泡容量（W） e——灯泡安装高度（m） f——安装方式 L——光源种类	如“$3-Y\frac{2\times 40}{2.5}C$”表示房间内有 3 盏型号相同的荧光灯（Y），每盏灯由 2 支 40 W 灯管组成，安装高度 2.5 m，链吊式（C）安装； “$6-J\frac{1\times 40}{-}$”表示走廊及楼道有 6 盏水晶底罩灯（J），每盏灯为 40 W，吸顶安装（-）
交流电	$m\sim fu$	m——相数 f——频率（Hz） u——电压（V）	如“~220 V”表示单相交流 220 V

2. 照明接线的表示方法

在电气照明平面图中，照明接线主要有直接接线法和共头接线法两种方式。

（1）直接接线法。指从线路上直接引线连接，导线中间允许有接头的接线方法。如图 6-30 所示，灯 E1 的相线引自开关 S1，而中性线则是在总中性线 N 上接出，这样，在总中性线有接点。图 6-30b 的细虚线表示在平面布置图（图 6-30a）中，此处应示出 3 根导线。开关 S1 控制灯 E1，开关 S2 控制灯 E2，开关 S3 控制灯 E3。

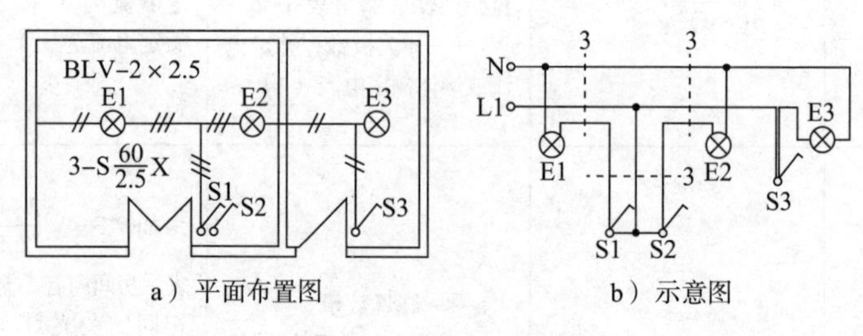

a）平面布置图　　b）示意图

图 6-30　直接接线法

（2）共头接线法。指通过设备的接线端子引线，导线中间不允许有接头的接线方法。如图 6-31 所示，灯 E1 的相线引自开关 S1，而中性线直接引自总中性线 N；灯 E2 的相线引自开关 S2，中性线引自灯 E1。这样，总中性线只能通过灯的接线端子接线，在其中间没有任何接头。图 6-31b 中的虚线表示在平面布置图 6-31a 中，此处应示出的导线根数。采用共头接线法导线用量较大，但由于其可靠

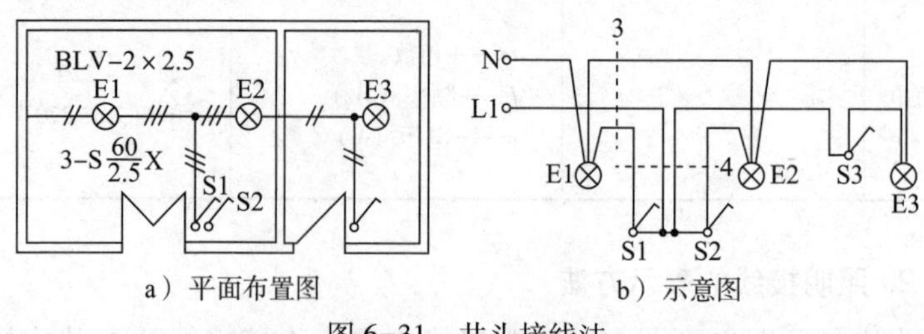

a）平面布置图　　b）示意图

图 6-31　共头接线法

性比直接接线法高，且检修方便，因此被广泛采用。

3. 基本照明控制电路的表示方法

在电气照明平面图中，常用基本照明控制电路的表示方法见表 6-48。为便于理解，表中还列出了与之对应的电路图和示意图。

表 6-48　　常用基本照明控制电路的表示方法

方法	一只开关控制一盏灯电路	两只双联开关在两处控制一盏灯电路
平面图	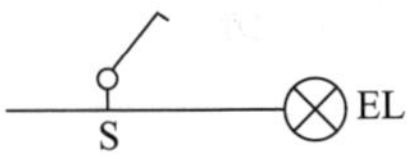 S EL	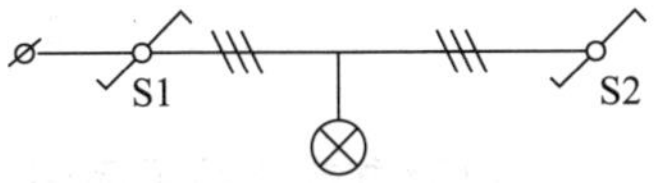 S1 S2
电路图	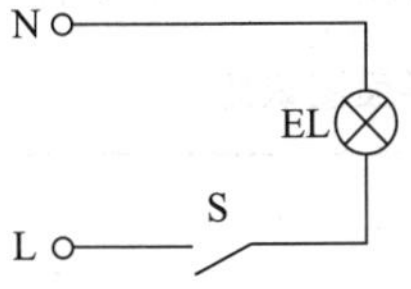 N EL S L	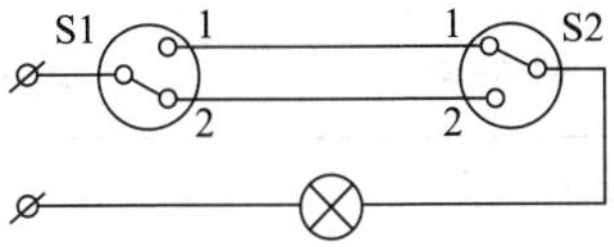 S1 1 2 1 2 S2
示意图	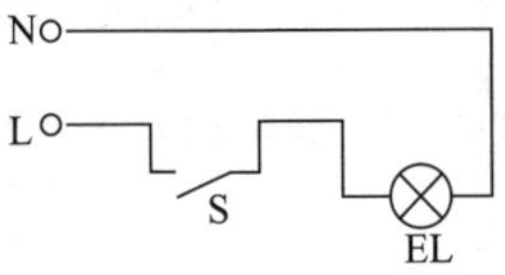 N L S EL	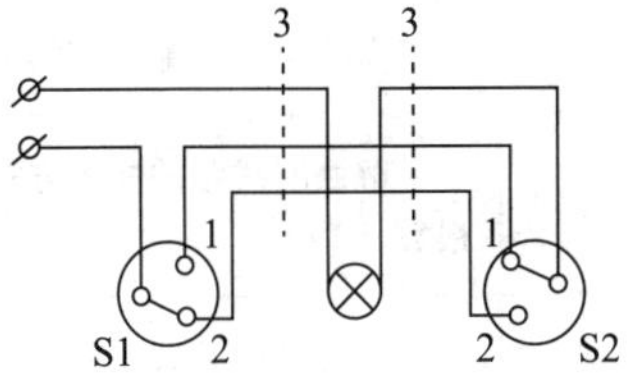 3 3 1 2 S1 1 2 S2

4. 图上位置的表示方法

通常采用定位轴线法确定电气设备和线路的图形符号在图上的位置。定位轴线法一般以建筑图上的承重墙、柱、梁等主要承重构件的位置为轴线，在水平方向，按从左至右的顺序给轴线标注数字编号；在垂直方向，按从下到上的顺序给轴线标注字母编号；数字和字母分别用点划线引出，如图 6-32 所示。

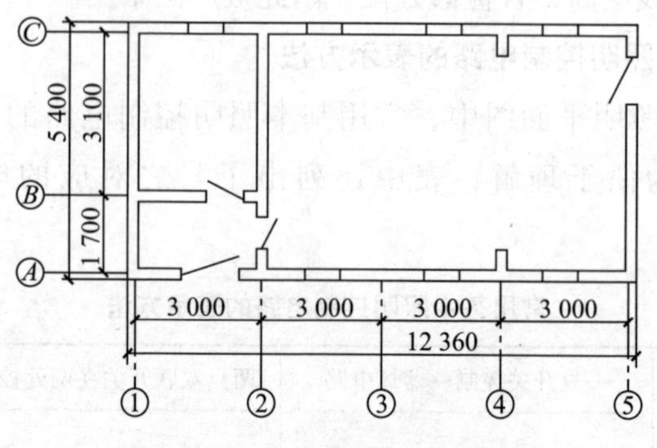

图 6-32　图上位置的表示方法

5. 识读电气照明平面图

（1）识图步骤。电气照明平面图识图步骤见表 6-49。

表 6-49　　电气照明平面图识读

序号	识读内容
1	了解建筑物的楼板、墙面、棚顶材料结构、门窗位置、房间布置等信息
2	重点读出照明配电箱的型号、数量、安装标高及配电箱的电气系统
3	了解照明线路的配线方式、敷设位置、线路走向、导线型号、导线规格及根数
4	了解灯具的类型、功率、安装位置、安装方式及安装高度
5	了解开关的类型、安装位置、离地高度及控制方式
6	了解插座及其他电器的类型、容量、安装位置、安装高度

（2）实例。图 6-33 是某建筑物第三层电气照明平面图，下面简要介绍识读照明平面图的过程。

图 6-34 是与图 6-33 相对应的电气照明配电系统概略图，表明了照明配电系统的安装容量和配电方式，导线或电缆的型号、规格、

数量、敷设方式及穿管管径，开关及熔断器的规格型号等内容。从图 6-34 可以看出该建筑物第三层的电源引自第 2 层，为单相 220 V 交流电，经照明配电箱 XMl 分为 W1、W2、W3 三条支路。由此从图 6-33 可以识读的内容见表 6-50。

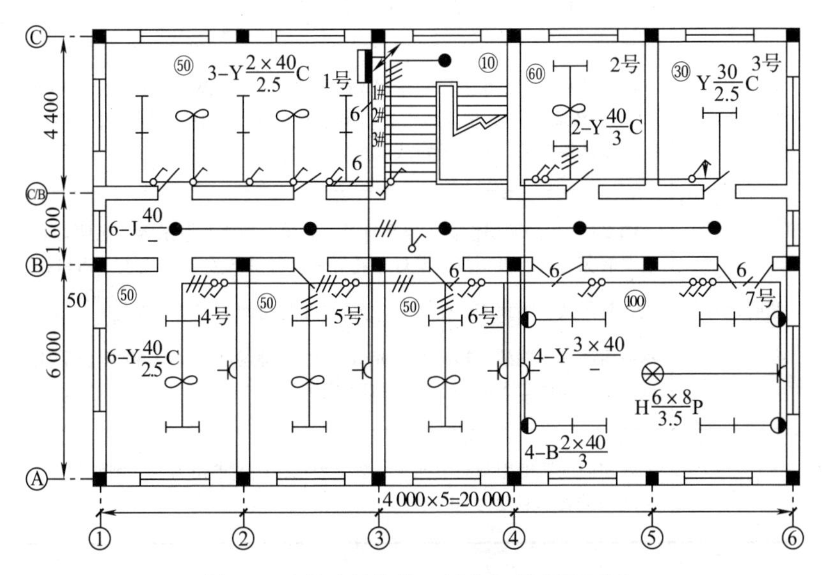

图 6-33　某建筑物第三层电气照明平面图

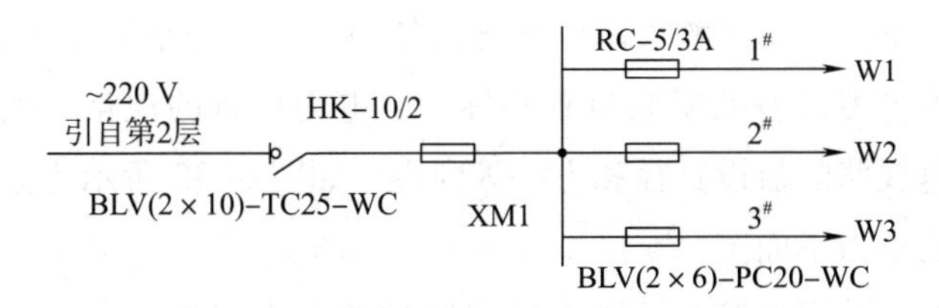

图 6-34　某建筑物第三层电气照明配电系统概略图

表 6-50　　识读图 6-33 所示电气照明平面图情况

识读内容	识读方法
建筑平面概况	为了清晰地表示线路、灯具的布置，图中按比例用细实线简略地绘制出了建筑物的墙体、门窗、楼梯、承重梁柱等平面结构。用定位轴线和尺寸线表达了各部分的尺寸关系和安装位置。例如，配电箱在定位轴线“C”和“3”的交叉点“C3”附近
照明线路	图 6-34 中的照明总干线为 BLV(2×10)-TC25-WC，分干线为 BLV(2×6)-PC20-WC，但支线没有给出。图 6-33 中的照明线路都采用单线表示法绘制的，并用斜短线表示导线的根数
照明设备	图 6-33 中的照明设备主要有灯具、开关、插座及电扇等；照明灯具主要有荧光灯、吸顶灯、壁灯、花灯等；灯具的安装方式主要有链吊式、管吊式、吸顶式、壁式等。例如：1 号房间的灯具 $3\text{-Y}\dfrac{2\times40}{2.5}\text{C}$，表示该房间有 3 盏型号相同的荧光灯（Y），每盏灯由 2 只 40 W 灯管组成，安装高度 2.5 m，链吊式（C）安装
照度	各房间的照度用圆圈中标注的数字表示，照度单位为 lx。例如：1 号房间的㊿表示照度为 50 lx

二、电力平面图

电力平面图是一种表示建筑物内各种电力设备平面布置的简图，主要反映电力设备的安装位置和标高、电力设备的规格、型号、数量、供电线路的敷设路径和方法等内容。如图 6-35 所示为某机械加工车间的电力平面图。

为了使总配电箱与分配电箱之间的关系更清楚，在此还需给出与之相对应的电力系统概略图，如图 6-36 所示。对该电力平面图和电力系统概略图的识读如下：

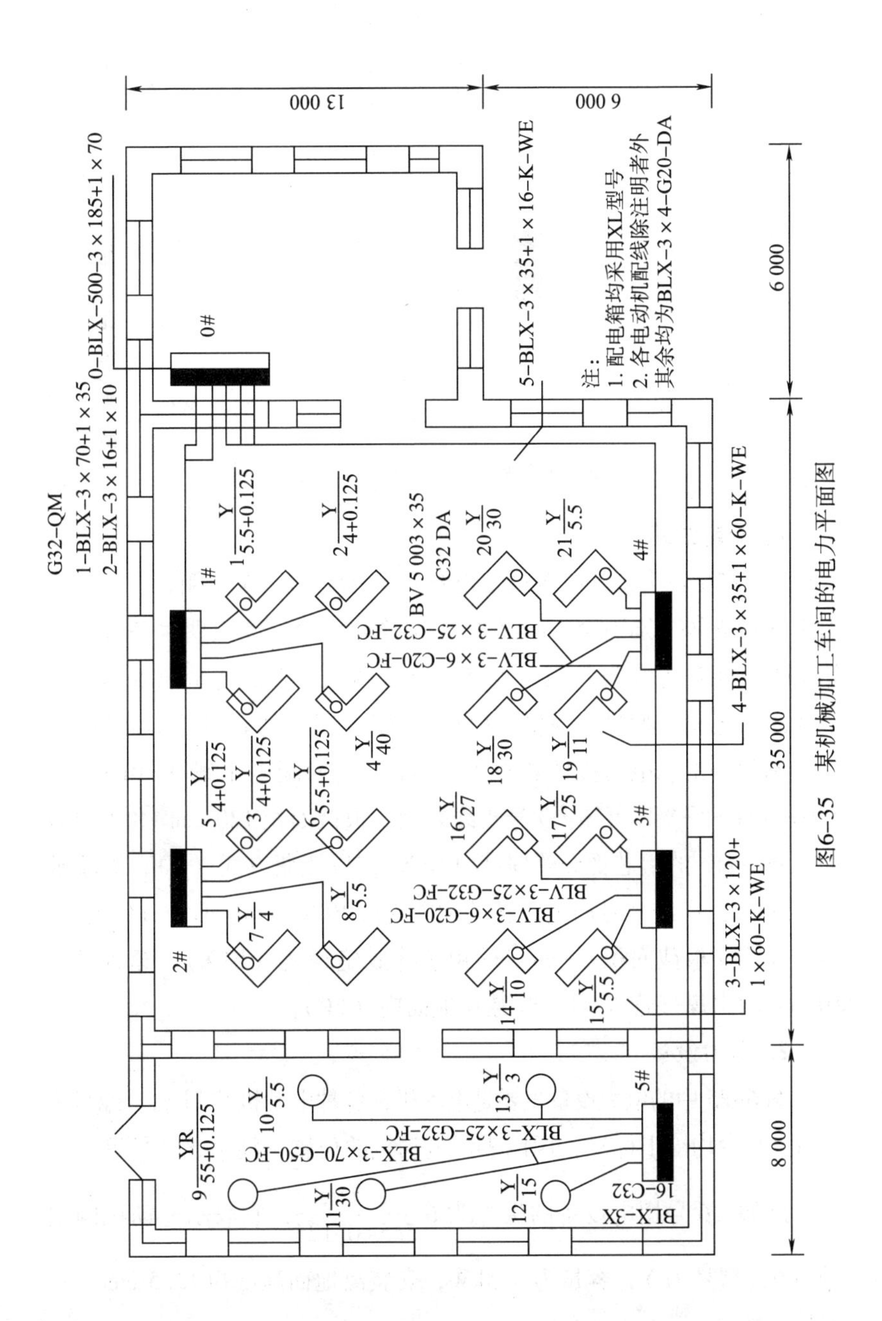

图6–35　某机械加工车间的电力平面图

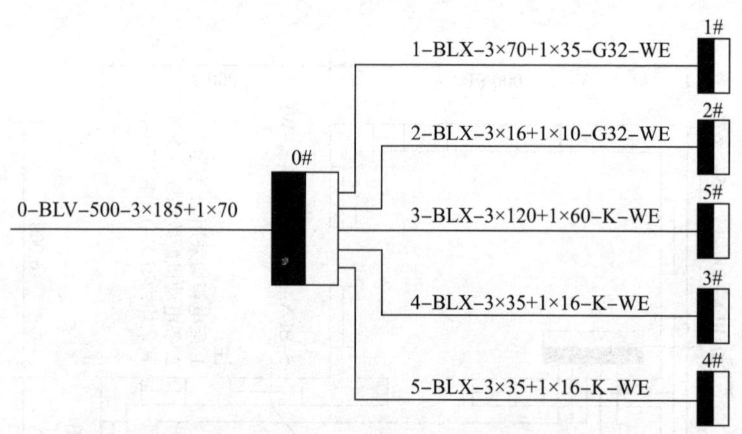

图6–36　某机械加工车间的电力系统概略图

1. 配电线路

图6–36表明，外电源通过电缆引至0#总电力配电箱，总配电箱引出5路支线分别引至1#至5#分配电箱。图6–35表明，各分配电箱均引出4路支线至各用电设备。综合两图，它们清楚地表达了配电线路的走向、型号、规格、根数、敷设方式、敷设部位等信息。

例如，由总电力配电箱到5#分配电箱的配电干线3–BLX–3×120+1×60–K–WE可知：3号支线采用3根截面积120 mm^{2}和1根截面积60 mm^{2}的铝芯橡胶绝缘线（BLX），以瓷瓶方式（K），沿墙敷设（WE）。供给9号用电设备的配电支线BLX–3×70–G50–FC表明：该支线用3根截面积70 mm^{2}的铝芯橡胶绝缘线（BLX），穿直径为50 mm的水煤气管（G），暗敷在地面内（FC）。

2. 电力设备

图6–35中的电力设备主要是电动机，各种电动机共21台，编号为1~21。每台均给出标注，用以表示电动机的位置、规格、型号等。

例如，6号用电设备的标注为$6\,\frac{\mathrm{Y}}{5.5+0.125}$，它表示电动机的编号为6，型号为Y，容量为5.5kW，安装离地面高度为12.5 cm。

第7单元

电子元器件与简单电子线路

模块1　常用电子元器件的识别与检测

培训目标

1. 了解常用电子元件的类型和主要参数；
2. 掌握常用电子元件的识别与检测方法。

一、电阻器

导体对通过它的电流产生一定的阻力，这种阻碍电流的作用称为电阻。电阻器的主要用途是稳定和调节电路中的电压和电流，其次还具有限制电路电流、降低电压、分配电压等功能。

1. 电阻器的类型和符号

电阻器的类型很多，随着电子技术的发展，新型电阻器日益增多。电阻器通常可分为固定电阻器、可变电阻器和特殊电阻器三大类，常用电阻器的类型和符号见表7-1。

2. 电阻器的参数

电阻器的常用参数标注如图7-1所示，各参数说明见表7-2。

表 7-1　　常用电阻器的类型和符号

<table>
<tr><th colspan="2">类型</th><th>实物图</th><th>符号</th><th>说明</th></tr>
<tr><td rowspan="3">固定电阻器</td><td>金属膜电阻器（RJ）</td><td>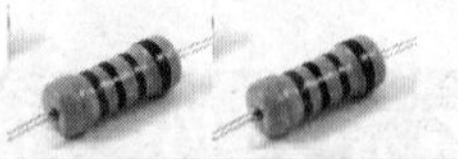</td><td rowspan="3">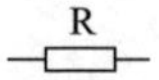</td><td rowspan="3">主要用在阻值固定、不需要变动的电路</td></tr>
<tr><td>碳膜电阻器（RT）</td><td>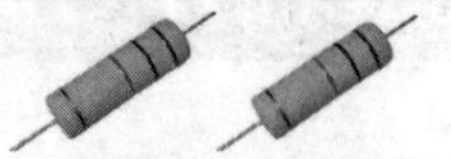</td></tr>
<tr><td>绕线电阻器（RX）</td><td>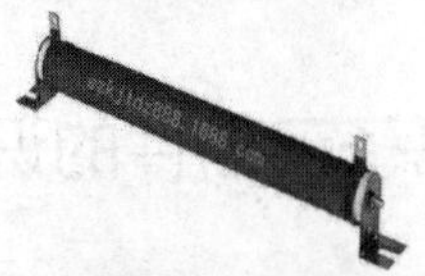</td></tr>
<tr><td rowspan="3">可变电阻器</td><td>立式微调电位器</td><td></td><td rowspan="3">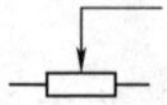</td><td rowspan="3">可变电阻器又称电位器，其电阻值在一定范围内连续可调</td></tr>
<tr><td>卧式微调电位器</td><td>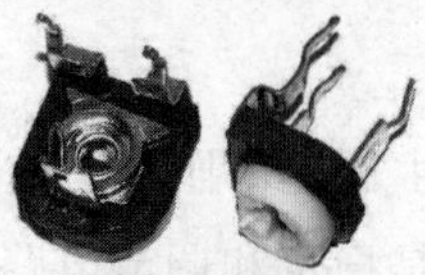</td></tr>
<tr><td>普通电位器</td><td></td></tr>
<tr><td rowspan="3">特殊电阻器</td><td>熔断电阻器（RRD）</td><td>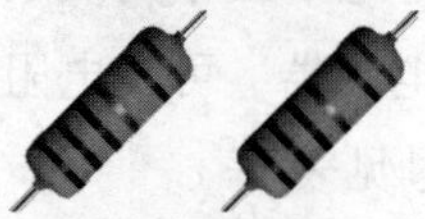</td><td rowspan="3">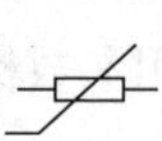</td><td rowspan="3">熔断电阻器主要应用于彩色电视机、录像机及检测仪表的电源电路；压敏电阻器用于限制大气过电压和操作过电压；水泥电阻器适用于印制电路板</td></tr>
<tr><td>压敏电阻器（RV）</td><td>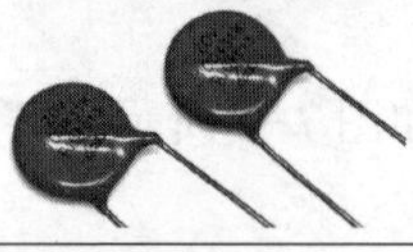</td></tr>
<tr><td>水泥电阻器（RX）</td><td>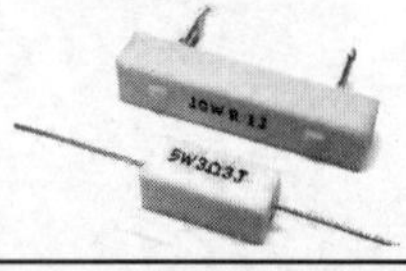</td></tr>
</table>

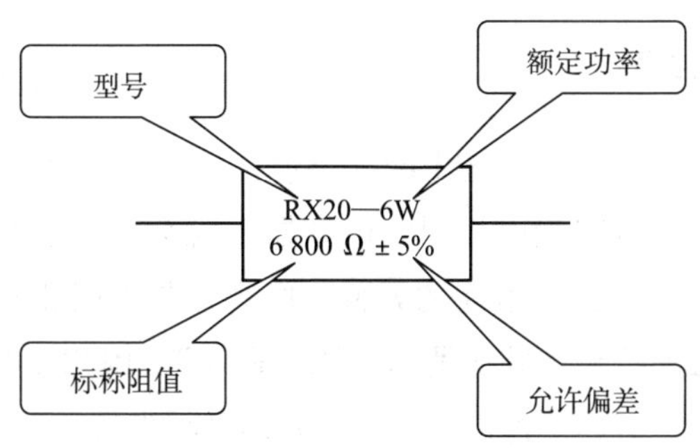

图 7-1　电阻器常用参数标注

表 7-2　电阻器的参数说明

参数	说明
型号	RX20 表示本电阻为绕线电阻器，常用的电阻器型号还有：RT 碳膜电阻器、RJ 金属膜电阻器、RH 合成膜电阻器等
标称阻值	6 800 Ω 表示本电阻的标称电阻为 6 800 Ω，这种将电阻器的标称电阻值直接用数字和单位标注在电阻器表面的方法称为直标法 也可以写成 6k8，这种将单位符号写在小数点位置的方法称为文字符号标注法 也可以写成 682（即 $68\times10^2=6\ 800\ \Omega$）。前两位表示有效数字，后一位表示倍乘，单位是 Ω，这种用三位数码标注阻值的方法称为数码标注法 另外，小功率的电阻器还多采用色标法进行标注
允许偏差	本电阻的允许偏差为±5%。电阻器的实际阻值对于标称阻值的最大允许偏差范围，称为电阻器的允许偏差，它表示电阻器产品的精度高低 一般通用电阻器有三个等级：Ⅰ级（对应允许偏差为±5%）、Ⅱ级（±10 %）、Ⅲ级（±20%）。±5%、±10 %、±20%也可以分别用字母 J、K、M 来表示。当没有任何标注时，默认允许偏差为±20%
额定功率	本电阻的额定功率为 6 W。额定功率是指电阻器长期安全使用所允许承受的最大功率。通常大于 1 W 的电阻器其额定功率直接标注在电阻器表面。小功率电阻器可根据电阻器的长度、直径和经验来判断

3. 电阻器的识别与检测

电阻器的检测方法及步骤详见第 3 单元模块 2 常用电工仪表。

二、电容器

电容器由两个金属电极中间夹一层绝缘体（又称电介质）所构成。当在两个电极间加电压时，电容器上就会存储电荷，所以电容器是一种能存储和释放电能的元件。电容器具有阻止直流通过，而允许交流通过的特点，即所谓的“隔直通交”。因此在电路中常用于隔直流、耦合、旁路、滤波、反馈、定时及调谐等。

1. 电容器的类型和符号

电容器根据结构可分为固定电容器、可变电容器及微调（或称半可调）电容器；按电介质可分为固体有机介质、固体无机介质、气体介质、电解电容器。常用电容器的类型及电路符号见表7–3。

表7–3　常用电容器的类型及电路符号

类型		实物图	符号	说明
固定电容器	瓷片电容器		C	主要用在电容量固定而不需要变动的电路。其中瓷片电容器、涤纶电容器因其容量较小，多用于高频电路。电解电容器因其容量较大，多用于低频电路
	涤纶电容器			
	电解电容器		+	
可变电容器				主要用在电容量需要变动的电路，如调谐回路

2. 电容器的参数

电容器的常用参数标注如图 7-2 所示，各参数的说明见表 7-4。

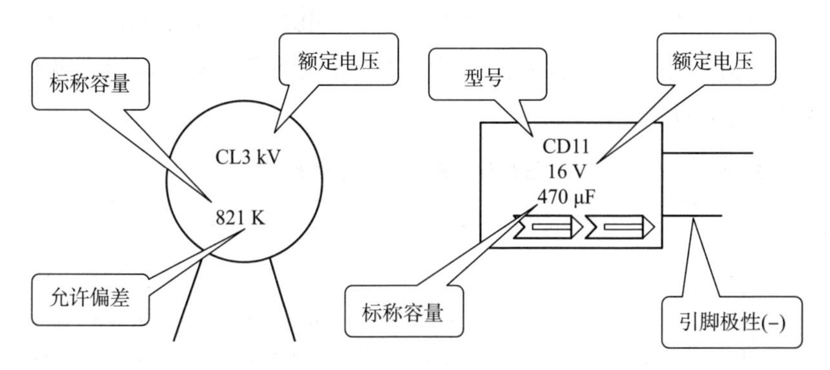

图 7-2　电容器常用参数标注

表 7-4　　电容器的参数说明

参数	说明
型号	CL 表示本电容为涤纶薄膜电容器。常用的电容器型号还有：CD 铝电解电容器、CC 高频陶瓷电容器、CT 低频陶瓷电容器、CZ 纸介电容器
标称容量	470 μF 表示本电容的标称容量为 470 μF。这种将电容器的标称容量直接用数字和单位标注在电容器表面的方法称为直标法 821（即 82×10^1）表示 820 pF，它用三位数码来表示容量，前两位表示有效数字，后一位表示倍乘，单位是 pF，这种用三位数码标注电容量的方法称为数码表示法 另外，电容器和电阻器一样也有采用色标法进行标注的
允许偏差	“K”表示本电容器的允许偏差为±10 %，一般通用电容器有三个等级：Ⅰ级（允许偏差为±5%）、Ⅱ级（允许偏差为±10 %）、Ⅲ级（允许偏差为±20%）。±5%、±10 %、±20%也可以分别用字母 J、K、M 来表示。当没有任何标注时，默认值为±20%
额定直流工作电压	额定直流工作电压是指电容器在线路中长期可靠地工作，而不被击穿时所能够承受的最大直流电压（又称耐压）。本电容的额定直流工作电压为 3 kV

3. 电容器的识别与检测

电容器的好坏可用万用表的电阻挡检测。检测时，将万用表转换开关旋转到适合的 Ω 挡位。100 μF 以上的电容器用“R×100”挡，1~100 μF 的电容器用“R×1 k”挡，1 μF 以下的电容器用“R×10 k”挡；对于容量小于 0.01 μF 的电容器，由于充电电流极小，几乎看不出表针右偏，只能检测其是否短路。常用电容器的识别与检测方法见表 7-5。

表 7-5　常用电容器的识别与检测

分类	图解说明	判断说明
小容量电容器	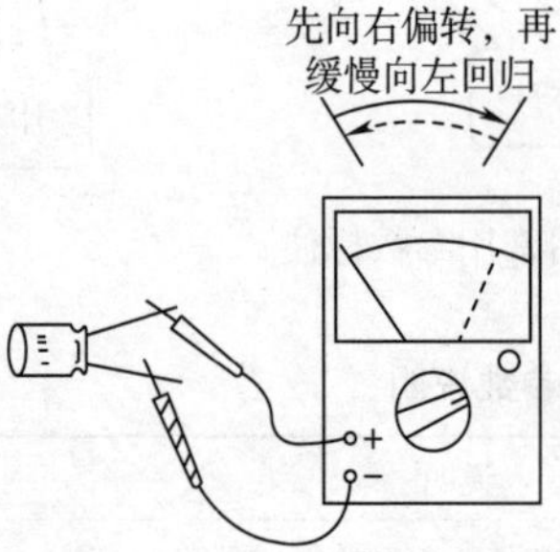 先向右偏转，再缓慢向左回归 + −	用万用表的两表笔（不分正、负）分别与电容器的两引线相接，在刚接触的一瞬间，表针应向右偏转，然后缓慢向左回归，对调两表笔后再测，重复以上过程。电容器容量越大，表针右偏越大，向左回归也越慢
	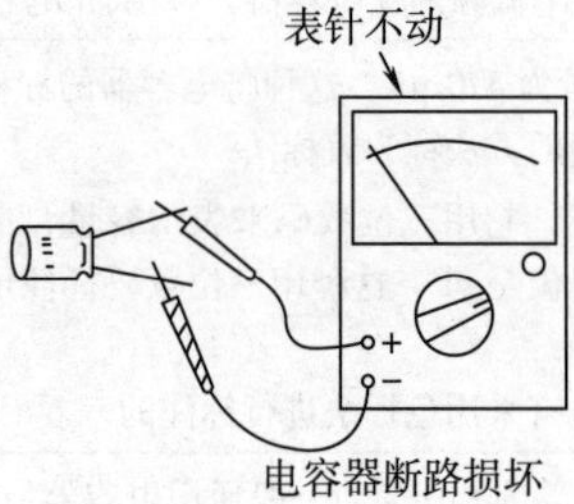 表针不动 + − 电容器断路损坏	用万用表的两表笔（不分正、负）分别与电容器的两引线相接，如果万用表表针不动，说明该电容器已断路损坏
	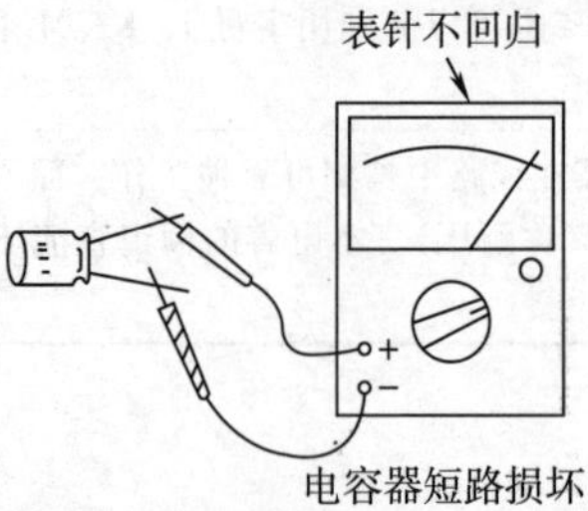 表针不回归 + − 电容器短路损坏	用万用表的两表笔（不分正、负）分别与电容器的两引线相接，如果表针向右偏转后不向左回归，说明该电容器已短路损坏

续表

分类	图解说明	判断说明
小容量电容器	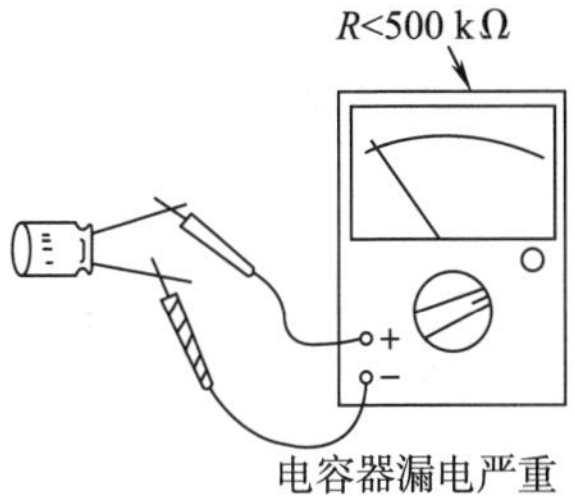 R<500 kΩ 电容器漏电严重	如果表针向右偏转然后向左回归稳定后，阻值指示小于 500 kΩ，说明该电容器绝缘电阻太小，漏电流较大，不宜使用
电解电容器	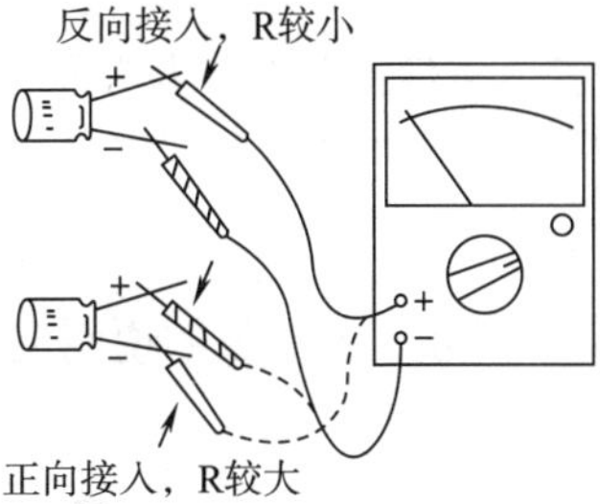 反向接入，R较小 正向接入，R较大	用万用表“R×1 k”挡测出电解电容器的绝缘电阻，将红、黑表笔对调后再测出第二个绝缘电阻。两次测量中，绝缘电阻较大的那一次，黑表笔所接为电解电容器的正极，红表笔所接为其负极

测量时，应注意以下几点：测量焊接在电路中电容器之前，必须关掉电源；为了消除相连元件对测量的影响，可以将电容器的一个引脚焊开，脱离电路；测量者的手不能同时触及被测电容器的两端，以免引起测量的误差；对于高压大容量的电容器，测量前应该先将两只引脚短接一下放电，以免电容器储存的电能对万用表放电，而损坏万用表。在交换引脚进行第二次测量时，也应先短接两只引脚进行放电，以便释放上次测量中充电累积的电荷。

三、电感器

1. 电感器的类型和符号

凡是能产生自感、互感作用的元器件均称为电感器。电感器一般可分为电感线圈和变压器两大类。常用电感器的类型和符号见表7-6。

表7-6　　常用电感器的类型和符号

类型	实物图	符号	说明
电源变压器			变压器是变换电压、分配电流和作为阻抗的器件
电感线圈			在交流电路作阻流、降压、负载用。与电容器配合可以作调谐、滤波等用

2. 电感器的参数

电感器的常见参数标注如图7-3所示，各参数的说明见表7-7。

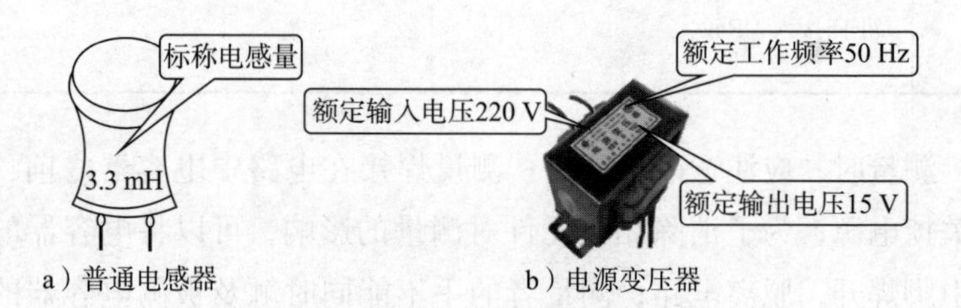

图7-3　电感器的常用参数标注

表7-7　　电感器的参数说明

参数	说明
标称电感量	3.3 mH表示本电感的标称电感量为3.3 mH
变压器额定工作电压	变压器额定工作电压分为额定输入电压和额定输出电压。图7-3b所示电源变压器的额定输入电压为220 V，额定输出电压为15 V

续表

参数	说明
变压器额定工作频率	图 7-3b 所示电源变压器的额定工作频率为 50 Hz
变压器额定功率	是指变压器在规定的频率和电压下，长期工作而不超过规定温度的最大输出功率，单位用伏安（VA）表示。小功率变压器有时不予标出

3. 电感器的识别与检测

首先进行外观检查，看线圈有无松散，引脚有无折断、生锈现象。然后将万用表置于“R×1”挡，红、黑表笔分别接电感器的两个引出端，此时指针应向右摆动。根据测出的电阻值大小，可具体分下述两种情况进行鉴别：

（1）被测电感器电阻值为零，其内部有短路性故障。

（2）被测电感器直流电阻值的大小与绕制电感器线圈所用的漆包线径、绕制圈数有直接关系，只要能测出电阻值，则可认为被测电感器是正常的。

（3）变压器绕组的检测。常用变压器绕组的检测方法见表 7-8。

表 7-8　　　　变压器绕组的识别与检测

类型	图解说明	判断说明
检测绕组线圈	有阻值 次级 初级 + − R×1挡	用万用表“R×1”挡测量各绕组线圈，应有一定的电阻值，如果表针不动，说明该绕组内部断路；如果阻值为 0，说明该绕组内部短路

续表

类型	图解说明	判断说明
检测绝缘电阻	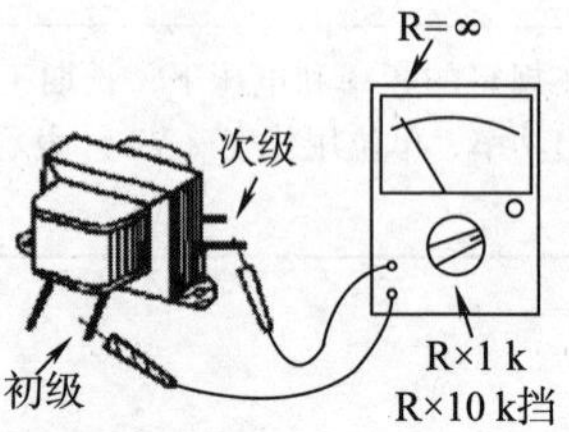 R=∞ 次级 初级 R×1 k R×10 k挡	用万用表“R×1 k”挡或“R×10 k”挡，测量每两个绕组线圈之间的绝缘电阻，均应为无穷大
	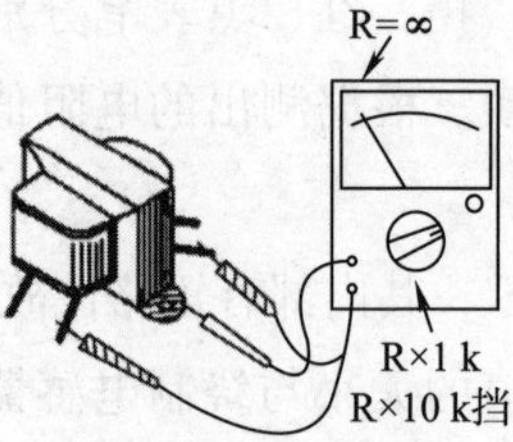 R=∞ R×1 k R×10 k挡	用万用表“R×1 k”挡或“R×10 k”挡，测量每个绕组线圈与铁芯之间的绝缘电阻，均应为无穷大，否则说明该变压器绝缘性能太差，不能使用

四、半导体二极管

1. 二极管的类型和符号

半导体二极管简称二极管，它是电子电路中最基本的半导体器件。二极管都有两个引出极，一个为正极，另一个为负极。二极管的文字符号为“V”或“VD”。常用二极管的类型和图形符号见表 7–9。

表 7–9　　常用二极管的类型和图形符号

类型	实物图	图形符号	说明
整流二极管			多用于整流电路，利用二极管的单向导电性，将交流电转变成直流电

续表

类型	实物图	图形符号	说明
稳压二极管			利用其反向击穿特性，使稳压二极管两端呈现稳定的电压。多用于为电路提供稳定的基准电压
发光二极管			它是能将电能转换成光能的半导体元件，多用作电路通断及工作指示随着超高亮度发光二极管的出现，还可用作照明、装饰、户外广告牌等

2. 二极管的单相导电性

如图 7-4a 所示，电路中灯泡发光，二极管加正向电压（正偏）时导通；图 7-4b 电路中灯泡不亮，说明二极管加反向电压（反偏）时截止，这就是二极管的单向导电性。二极管导通时的电流方向是从二极管的阳极至阴极。

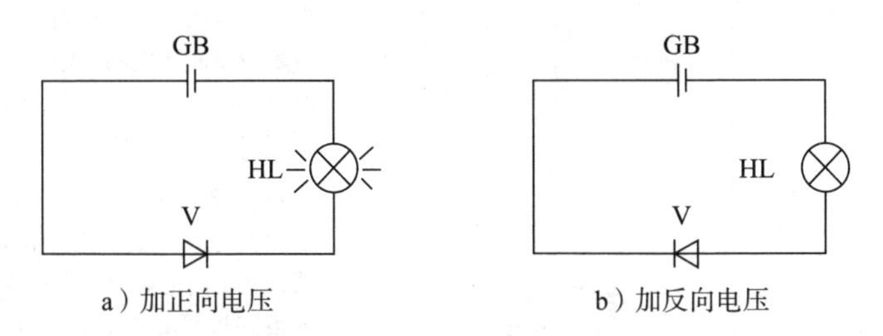

图 7-4　二极管单向导电实验电路

3. 二极管的主要参数

二极管的主要参数见表 7-10。

表 7-10　　　　二极管的主要参数

参数	说明
最大整流电流 I_{FM}	是指二极管长期连续工作时允许通过的最大极限正向电流。当超过该值时，二极管会发热损坏
最大反向工作电压 U_{RM}	是指二极管允许承受的最高反向电压。使用时不得超过此值，否则二极管可能被击穿损坏
反向电流 I_R	是指在室温条件下，在二极管两端加上规定的反向电压时，流过它的未被击穿时的反向电流。I_R 值越小，说明二极管的单相导电性越好
最大工作频率 f_M	二极管正常工作时允许的最高频率

4. 二极管的识别与检测

二极管的测试主要包括极性判别和正、反向电阻的测量。具体检测方法见表 7-11。

表 7-11　　　　二极管的识别与检测

类型	图解说明	判断说明
极性检测		用万用表“R×100”挡或“R×1 k”挡，分别用红、黑表笔同时接触二极管的两引线，然后再对调两表笔重新测量，在所测阻值小的那次测量中，黑表笔所接的是二极管的正极，红表笔所接的是二极管的负极
单向导电性检测		小功率二极管用“R×100”挡，大功率二极管用“R×1 k”挡，测正向电阻时，万用表黑表笔接二极管正极，测反向电阻时，红表笔接二极管正极。若正、反向电阻值都很大，说明二极管内部断路；若正、反向电阻值都很小，说明二极管内部短路；若正、反向电阻值差别不大，说明管子损坏不能再用

五、半导体三极管

1. 三极管的类型和符号

三极管是具有放大作用的半导体器件，通常有三个引出端：基极（b）、发射极（e）和集电极（c）。三极管分 NPN 和 PNP 两种类型，符号如图 7-5 所示，发射极箭头表示电流的方向。

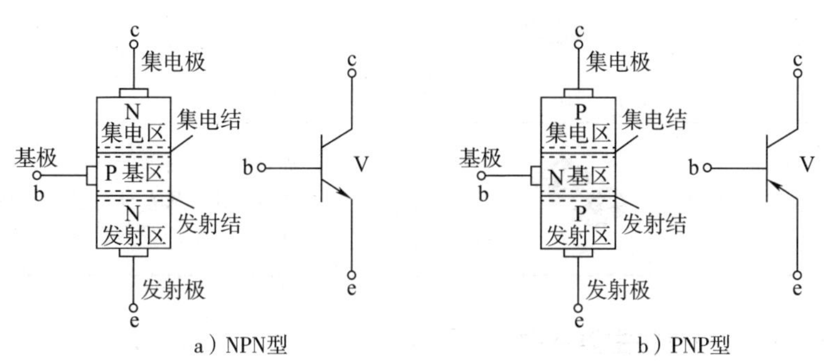

图 7-5　三极管的类型和符号

2. 三极管封装形式与管脚排列

常用三极管的封装形式与管脚排列见表 7-12。

表 7-12　　常用三极管的封装形式与管脚排列

类型	实物图	管脚示意图	管脚排列
大功率金属封装三极管（圆柱形）		b e c	将管脚朝向自己，“品”字放正，从左起顺时针方向依次为 e、b、c
大功率金属封装三极管		底座为c e b	面对管底，使引脚位于左侧，下面的引脚是基极 b，上面的引脚为发射极 e，管壳是集电极 c，管壳上两个安装孔用来固定三极管

续表

类型	实物图	管脚示意图	管脚排列
小功率金属封装三极管		定位销 b c e	面对管底，由定位标志起，按顺时针方向，引脚依次为发射极e、基极b、集电极c
中功率塑封三极管		b c e	面对管子正面（型号打印面），散热片为管背面，引出线向下，从左至右依次为基极b、集电极c、发射极e
贴片式三极管	DJ RH	b c e	面对管子正面（型号打印面），引出线向下，从左至右依次为基极b、集电极c、发射极e

3. 三极管的主要参数

三极管的主要参数见表7–13。

4. 三极管的简单检测

常用三极管的识别与检测见表7–14。

表7–13　　三极管的主要参数

参数	说明
共发射极电流放大系数β	β值一般在20~200之间。β值太大时，工作性能不稳定，通常选用β值在60~100之间
穿透电流I_{CEO}	即当基极开路时，集电极和发射极之间在规定的反向电压下的集电极电流。I_{CEO}随温度的升高明显增大，所以希望它越小越好
集电极允许最大电流I_{CM}	三极管工作时若集电极电流I_C超过集电极允许最大电流I_{CM}，β值明显下降，特性变差
反向击穿电压$U_{(BR)CEO}$	当三极管的管压降U_{CE}大于反向击穿电压$U_{(BR)CEO}$时，集电极电流I_C急剧增大

续表

参数	说明
集电极最大允许耗散功率 P_{CM}	它是由三极管允许的最高温度和散热条件来规定的

表 7-14　　常用三极管的识别与检测

图解说明	判断说明
管型和基极b的识别 3DG6 + − ×1 kΩ	用万用表“R×100”挡或“R×1 k”挡，黑表笔轮流接触三个引脚，红表笔则分别接触另两个引脚，测出三组电阻值。若某一组中两个电阻值基本相同，则黑表笔所接为基极；若某一组中两个电阻值为三组中最小，则为 NPN 型管，若为三组中最大，则为 PNP 型管
集电极c、发射极e的测量 b + − ×1 kΩ	以 NPN 型管为例。用万用表“R×1 k”挡，黑表笔接基极以外的两个引脚，再用手同时捏住基极与黑表笔所接的一极，观察表针右摆的幅度；对调红、黑表笔，重复以上实验。以摆动幅度大的为准，黑表笔所接为集电极 c，红表笔所接为发射极 e（PNP 型管相反）
穿透电流测量 NPN型 ∞ 0 c b e + − ×1 kΩ	用万用表“R×100”挡或“R×1 k”挡，测量 c、e 之间的反向电阻。阻值越大，说明穿透电流越小，晶体管稳定性越好
β值测量 NPN型 ∞ 0 c 100 k e b + − ×1 kΩ	若万用表有测量 β 的功能，可直接测量读数；若没有，则在 b、c 极之间接入一只 100 kΩ 的电阻，测量 c、e 之间的反向电阻。指针偏转角度越大，则 β 值越大

续表

图解说明	判断说明
稳定性测量 NPN型 cbe ∞ 0 + − ×1 kΩ	在测穿透电流时，用手捏住三极管，受温度的影响，c、e之间的反向电阻将减小。若电阻值迅速减小，则该三极管的稳定性较差

模块2　简单电子线路

培训目标

1. 了解基本放大电路的组成、作用及工作原理；
2. 了解直流稳压电路的组成、作用及工作原理。

一、晶体管放大电路

1. 放大电路的概念及分类

电子线路的主要作用是对信号进行传输和处理。其中最基本的作用是对信号进行放大。能将信号放大的电路称为放大电路或放大器。许多电子设备如收音机、电视机、手机，音响等都要用到放大电路。放大电路的种类很多，其分类及作用见表7-15。

表7-15　　放大电路的种类及作用

分类方法	种类	作用
按三极管的连接方式	共射极放大器	最常用的放大器，具有电流和电压放大能力
	共集电极放大器	常用放大器，只有电流放大能力
	共基极放大器	用于高频放大电路

续表

分类方法	种类	作用
按放大信号频率	直流放大器	用于放大直流信号和缓慢变化的信号，常被用于集成电路
	低频放大器	用于低频信号的放大
	高频放大器	用于高频信号的放大
按信号大小	小信号放大器	位于多级放大器前级，用于小信号放大
	大信号放大器	位于多级放大器后级，如功率放大器

2. 基本放大电路的组成

基本放大电路是指由单个三极管构成的放大电路。当三极管组成放大器时，其中两个电极用作信号的输入端子；两个电极作为信号的输出端子。那么，晶体三极管三个电极中，必须有一个电极既是信号的输入端子，同时又是信号的输出端子，这个电极称为输入信号和输出信号的公共电极。按晶体管公共电极的不同选择，晶体管放大电路分为共基极电路、共射极电路和共集电极电路三种形式，如图 7-6 所示。

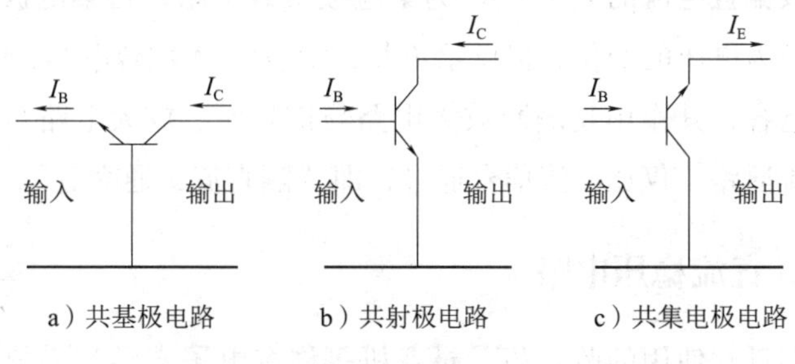

图 7-6　晶体管放大电路的三种形式

放大电路一般由放大器件、直流电源、偏置电路、输入电路和输出电路等部分组成。

（1）共射极基本放大电路的结构。如图7-7所示为共射极基本放大电路，I_B流经的回路称为输入回路，I_C流经的回路称为输出回路。两个回路的公共端是三极管的发射极e，因此称为共发射极电路，简称共射极电路。

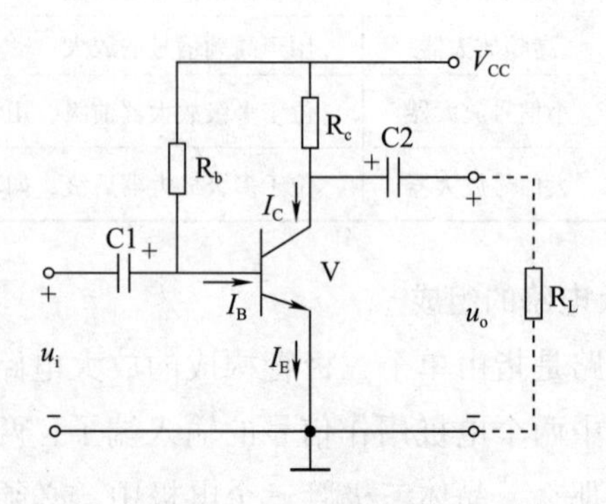

图7-7　共射极基本放大电路

（2）共射基本放大电路的元器件的作用。直流电源V_{CC}，一方面通过R_b给三极管的发射极提供正偏电压，通过R_c给集电极提供反偏电压；另一方面提供负载所需信号的能量；R_b为基极偏置电阻，决定基极偏置电流的大小；R_c为集电极负载电阻，将集电极电流的变化转换为电压的变化，提供给负载；C1为输入耦合电容，C2为输出耦合电容，其作用是隔断放大电路与信号源、放大电路与负载之间的直流通路，仅让交流信号通过，即“隔直流，通交流”。

二、直流稳压电路

人们日常使用的收音机、录音机等许多电子产品都需要采用直流稳压电源供电，但普遍使用的是220 V的交流电压，这就需要有一个转换电路将交流转变成直流，这个交直流转换电路称为直流稳压电源，如图7-8所示。

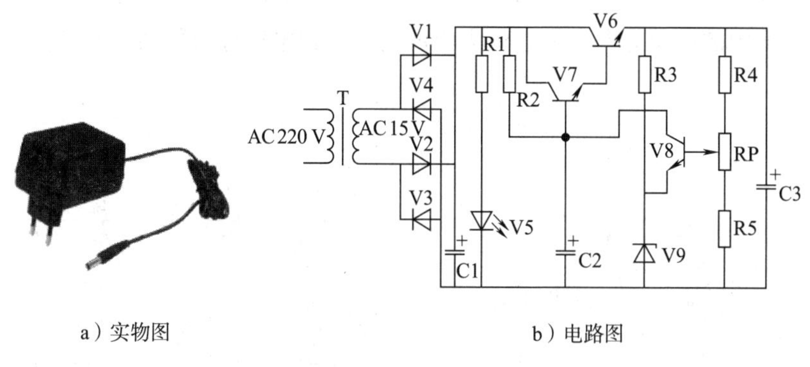

a）实物图　　　　b）电路图

图 7-8　直流稳压电源

直流稳压电源电路由电源变压器、整流电路、滤波电路和电子稳压电路四部分组成。如图 7-9 所示为直流稳压电源的构成方框图。

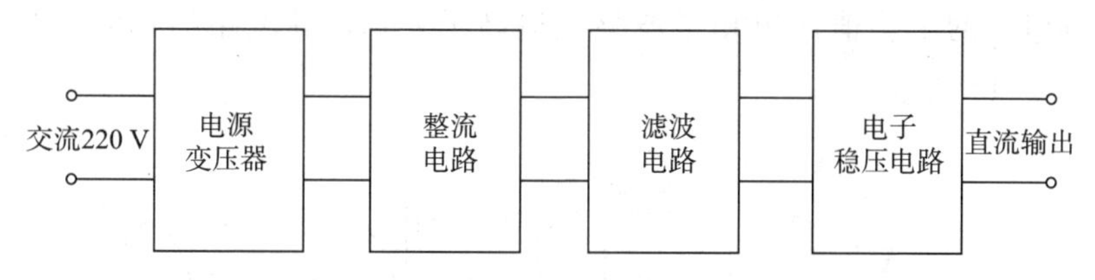

图 7-9　直流稳压电源的构成方框图

1. 电源降压电路

图 7-8b 所示 T 为电源降压变压器。其作用是将交流 220 V 的电压变为所需的交流 15 V 电压。

2. 整流电路

如图 7-8b 所示二极管 V1、V2、V3、V4 共同组成电源整流电路。电源整流电路是利用二极管的单向导电性将交流电变换为直流电。整流电路一般可分为半波整流、全波整流和桥式整流。

其中半波整流电路及波形如图 7-10 所示。在变压器二次侧电压 u_2 的正半周，二极管正偏导通；在 u_2 的负半周，二极管反偏截止。

这种整流电路只利用电源电压 u_2 的半个周期，所以称为半波整流。负载中的电压方向不变，但大小波动，这种电压称为脉动直流电。

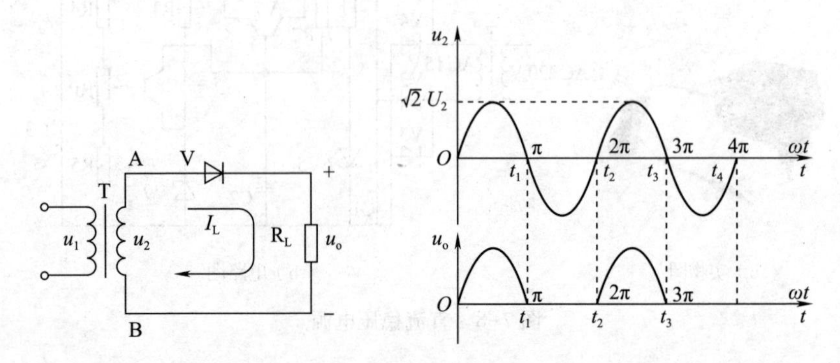

图 7-10　半波整流电路及其波形图

图 7-8 采用的是单相桥式整流电路，其负载上得到的直流电压和电流的平均值比单相半波整流提高了一倍。其电路图和波形如图 7-11 所示。

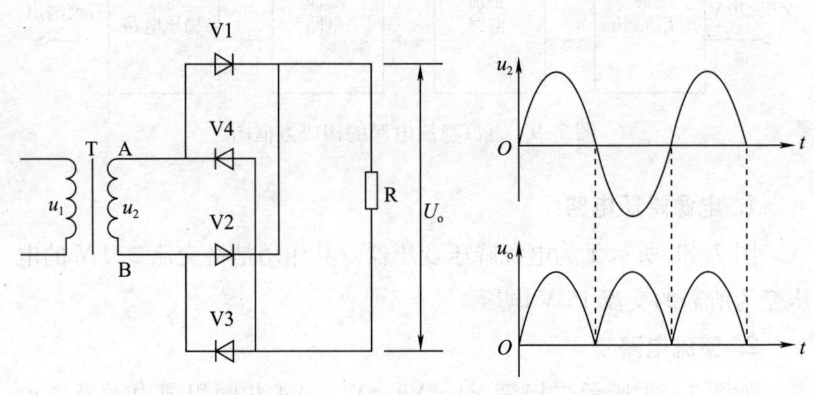

图 7-11　单相桥式整流电路及其波形图

3. 电源滤波电路

电源滤波电路的作用是利用电容的储能作用，将整流电路输出的脉动直流电转换为比较平滑的直流电。滤波电路一般由电抗元件组成，如在负载电阻两端并联电容器 C 的电路称为电容滤波电路；与负载串联电感器 L 的电路称为电感滤波电路；既并联电容又串联电感的电路称为复式滤波电路。

图 7-8 所示电路中，由 C1 和二极管 V1、V2、V3、V4 共同组成电容滤波电路。其电路图和波形如图 7-12 所示。

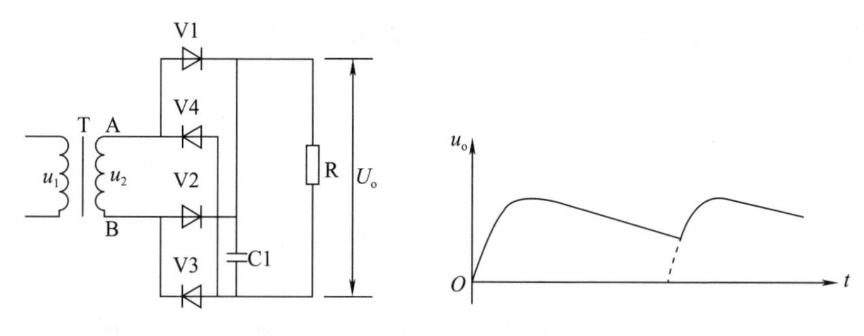

图 7-12　电容滤波电路和波形图

4. 电子稳压电路

交流电压经过整流滤波后，输出电压会随着电网电压波动而波动，或随着负载电阻的变化而变化。为了获得稳定的直流电压，必须采取稳压措施。直流稳压电路由取样电路、基准电压电路、比较放大电路、电压调整电路等部分组成。如图 7-8b 所示。

（1）取样电路。如图 7-8b 所示，取样电路由 R4、RP、R5 组成。当输出电压 U_0 因电网电压或负载发生变化时，取样电路将其变化量的一部分取出送到比较放大管 V8 的基极。调整可变电阻 RP 可调整输出电压的大小。

（2）基准电压电路。如图 7-8b 所示，基准电压电路由 R3、V9 组成。V9 是稳压二极管，它为比较放大管 V8 的发射极提供稳定的基准电压。

（3）比较放大电路。如图 7-8b 所示，比较放大电路由 V8 等元件组成。V8 是比较放大管，其作用是以 V8 发射极基准电压作为参考，将基极由取样电路获得的能够反映输出电压变化的电压值与之比较然后放大，再由 V8 的集电极输出调整控制电压至电压调整电路 V6 的基极。

（4）电压调整电路。如图 7-8b 所示，电压调整电路由 V6、V7 等元件组成。V6 是电压调整管，它是组成电压调整电路的核心元件，V6 与 V7 组成复合管。通过自动调整 V6 的 U_{CE}，从而达到自动调整输出电压的目的。

培训大纲建议

一、培训目标

通过培训，培训对象可以从事简单的室内布线与低压配电装置的安装工作，从事电动机基本控制线路的安装及检修工作，掌握简单电子线路的组成及工作原理。

1. 理论知识培训目标

（1）掌握安全用电知识。

（2）了解常用电工工具、量具的结构及使用注意事项。

（3）熟悉常用电工绝缘材料和导电材料的型号、主要用途及性能。

（4）了解室内量、配电装置的作用。

（5）了解异步电动机的结构和工作原理。

（6）了解触电的形式；掌握电工安全操作知识。

（7）了解常用电子元件的类型和主要参数。

2. 操作技能培训目标

（1）掌握触电急救方法。

（2）熟练掌握常用电工工具、量具的使用；掌握钳工的基本操作技能。

（3）能根据要求选择常用的电工绝缘材料和导电材料；掌握导线的连接和绝缘层的恢复。

（4）掌握常见室内布线的基本操作技能；掌握配电板的安装及照明线路的安装。

（5）掌握三相异步电动机控制线路的安装与检修技能。

（6）掌握常用电子元件的识别与检测技能。

二、培训计划安排（96 课时）

总课时数：96 课时

理论知识课时：44 课时

操作技能课时：52 课时

具体培训课时分配见下表。

培训内容	理论知识课时	操作技能课时	总课时	培训建议
第 1 单元　电工基础知识	**3**	**1**	**4**	重点：电路、电路图、相关物理量及电气符号 难点：交流电的基本知识及三相交流电的参数 建议：结合日常用电讲授，运用多媒体，通过实例讲解
模块 1　认识电工	1		1	
模块 2　电路基础	2	1	3	
第 2 单元　安全用电及触电防护	**4**	**3**	**7**	重点：安全用电、防雷和电气消防知识；触电及触电防护技术 难点：防雷和电气消防；触电防护 建议：先由教师示范规范性操作，学员两人一组练习，互相评议
模块 1　安全用电常识	2	1	3	
模块 2　触电防护及触电急救技术	2	2	4	
第 3 单元　常用电工工具与仪表	**7**	**11**	**18**	重点：常用电工工具的使用方法；常用电工仪表的使用方法 难点：数字式万用表、兆欧表、钳形电流表的使用方法及注意事项 建议：先由教师示范规范性操作，学员可两人一组练习，互相评议，然后由教师统一讲解出现的问题
模块 1　常用电工工具	3	5	8	
模块 2　常用电工仪表	4	6	10	

续表

培训内容	理论知识课时	操作技能课时	总课时	培训建议
第4单元　电动机及其基本控制线路	**11**	**14**	**25**	重点：三相异步电动机的结构、参数和铭牌识读；常用低压电器的结构特点及应用、符号、规格 难点：单相异步电动机与三相异步电动机的工作原理；电路图的识读；按钮、接触器双重联锁正、反转控制线路的安装与检修 建议：可使用任务驱动法讲授。先由教师示范规范性操作，然后布置任务，学员可两人一组，互相练习、评议；教师巡回指导
模块1　单相异步电动机	2	0	2	
模块2　三相异步电动机	2	4	6	
模块3　常用低压电器	4	6	10	
模块4　电路图的识读	1	2	3	
模块5　三相异步电动机控制线路安装与检修	2	2	4	
第5单元　变配电基本知识	**5**	**4**	**9**	重点：变压器的结构、用途、分类和铭牌；电力系统的构成及变配电所的分类及功能 难点：变压器的维护；变配电主要电气设备及基本操作要求 建议：使用多媒体让学生认识变配电所以及所用电器，然后教师示范操作，学员可两人一组进行练习、教师巡回指导
模块1　变压器	3	3	6	
模块2　变配电所	2	1	3	

续表

<table>
<tr><th>培训内容</th><th>理论知识课时</th><th>操作技能课时</th><th>总课时</th><th>培训建议</th></tr>
<tr><td>第6单元　室内配电线路的安装</td><td>10</td><td>15</td><td>25</td><td rowspan="6">重点：导线的连接与绝缘恢复；常用室内配电线路、进户装置、配电装置的安装；常用照明线路的安装与检修；识读建筑电气安装平面图
难点：常用室内配电线路、进户装置、配电装置的安装；常用照明线路的安装与检修
建议：善于利用多媒体，然后多结合实例讲解，具体操作部分应先由教师示范，学员分组练习</td></tr>
<tr><td>模块1　导线的连接与绝缘恢复</td><td>2</td><td>2</td><td>4</td></tr>
<tr><td>模块2　常见的室内配线</td><td>2</td><td>4</td><td>6</td></tr>
<tr><td>模块3　进户装置及配电装置的安装</td><td>2</td><td>4</td><td>6</td></tr>
<tr><td>模块4　常用照明线路的安装与检修</td><td>2</td><td>4</td><td>6</td></tr>
<tr><td>模块5　识读建筑电气安装平面图</td><td>2</td><td>1</td><td>3</td></tr>
<tr><td>第7单元　电子元器件与简单电子线路</td><td>4</td><td>4</td><td>8</td><td rowspan="4">重点：常用电子元器件的识别与检测；晶体管放大电路、直流稳压电路的分析及应用
难点：晶体管二极管与三极管的识别与检测；晶体管放大电路、直流稳压电路的原理
建议：首先应用多媒体课件等给学员展示并结合实例讲解为佳，具体操作部分应先由教师示范，学员分组练习</td></tr>
<tr><td>模块1　常用电子元器件的识别与检测</td><td>2</td><td>2</td><td>4</td></tr>
<tr><td>模块2　简单电子线路</td><td>2</td><td>2</td><td>4</td></tr>
<tr><td>合计</td><td>44</td><td>52</td><td>96</td></tr>
</table>